青年千人计划项目（D1218006）
国家自然科学基金（51608213）
中国城市建设技术文库

Safety Evaluation and Ecological Restoration of
Urban Water System

城市水系统
安全评价与生态修复

U0194098

王宝强　陈　姚　刘合林　著

华中科技大学出版社
http://www.hustp.com
中国·武汉

图书在版编目(CIP)数据

城市水系统安全评价与生态修复/王宝强,陈姚,刘合林著.—武汉:华中科技大学出版社,2021.10

(中国城市建设技术文库)

ISBN 978-7-5680-7531-2

Ⅰ.①城… Ⅱ.①王… ②陈… ③刘… Ⅲ.①城市供水系统-安全评价 ②城市供水系统-水环境-生态恢复 Ⅳ.①TU991 ②X171.4

中国版本图书馆 CIP 数据核字(2021)第 182996 号

城市水系统安全评价与生态修复　　　　　王宝强　陈　姚　刘合林　著

Chengshi Shuixitong Anquan Pingjia yu Shengtai Xiufu

策划编辑：金　紫

责任编辑：陈　忠

封面设计：王　娜

责任校对：李　弋

责任监印：朱　玢

出版发行：华中科技大学出版社(中国·武汉)　　　电话:(027)81321913
　　　　　武汉市东湖新技术开发区华工科技园　　　邮编:430223

录　　排：华中科技大学惠友文印中心

印　　刷：湖北新华印务有限公司

开　　本：710mm×1000mm　1/16

印　　张：16.5

字　　数：249 千字

版　　次：2021 年 10 月第 1 版第 1 次印刷

定　　价：98.00 元

本书得到以下基金项目资助：

青年千人计划基金项目（D1218006）、国家自然科学基金项目（51608213，基于洪涝脆弱性评估的城市适灾弹性空间研究）。

中国城市建设技术文库
丛书编委会

作者简介 | About the Authors

王宝强

1985 年生,陕西宝鸡人。获同济大学、佛罗里达大学联合培养城乡规划学博士学位。华中科技大学建筑与城市规划学院讲师、硕士生导师。主要研究方向为城乡生态环境规划、气候变化与韧性城市、城市与区域发展。近年来主持和参与研究的国家自然科学基金项目 3 项、省部级基金项目 2 项,发表中英文学术论文 30 余篇,参加撰写的专著与教材 4 本。

陈姚

1993 年生,湖北松滋人。华中科技大学城市规划专业毕业,获硕士学位。主要研究方向为城乡生态环境规划、国土空间总体规划。

刘合林

1981 年生,湖北咸宁人,英国剑桥大学博士,博士后。华中科技大学建筑与城市规划学院教授、博士生导师,兼任中国地理学会城市地理专业委员会委员、中国城市规划学会城市规划新技术应用学术委员会委员。主要研究方向:计算城市与区域经济、智能化规划决策支持、气候变化与低碳发展等。

前　言

城市作为人类的主要聚集地，是整个区域环境的重要组成部分，也是各种生产和生活活动频繁的地域。城市化进程的加快，导致大量人口与经济、社会活动聚集在范围相对狭小的城市区域内，对大气圈、岩石圈、水圈和生物圈整体的生态系统产生了重大的影响，环境问题随之产生，其中最为显著的就是城市水系统问题。我国城市化水平稳步提高，2019 年城镇化率已突破 60%。近 40 年城镇化快速推进的过程中，出现了许多水系统问题，集中体现在水资源过度开发，资源性缺水和水质性缺水严重；各类污染物大量入河，导致城市河流水体严重污染；城市洪涝灾害频发，使人们的生活、健康受到严重的威胁；水土流失、河岸植被破坏导致城市河流生态系统功能受损、服务功能退化等。

近年来我国各部委都在积极推动水系统的综合整治和保护工作。2013年起水利部大力推动水生态文明建设；2015 年由财政部、住房和城乡建设部、水利部启动海绵城市试点；2015 年财政部与住房和城乡建设部开展地下综合管廊试点等。在 2015 年的中央城市工作会议上，习近平总书记指出"要大力开展生态修复，让城市再现绿水青山"。其中城市水系统生态修复是城市生态修复的重要组成部分之一，并成为我国各个城市解决水问题的重要手段和方法。为了推动"美丽中国"建设，中共中央、国务院《关于进一步加强城市规划建设管理工作的若干意见》提出，要制定并实施生态修复工作方案，有计划、有步骤地修复被破坏的山体、河流、湿地、植被。住房和城乡建设部将"城市双修"作为治理城市病、转变城市发展方式的重要抓手，推动供给侧结构性改革的重要任务，要求尊重自然生态环境规律，落实海绵城市建设理念，采取多种方式、适宜的技术，系统地修复山体、水体和废弃地，构建完整连贯的城乡绿地系统。

然而，当前城市生态修复推进的过程缺乏对城市水系统的全面认知和

系统分析,重实践而轻理论,基础理论研究相对较为薄弱;实践过程受限于部门事权,导致项目布局往往侧重于城市水系统的局部要素或者局部区域,城市水系统生态修复收效甚微。可见,准确把握城市水系统的构成及要素之间的相互关系,从城市水资源、城市水环境、城市水灾害和城市水生态四个方面探索城市水系统的构成与特征、问题与成因、安全评价与生态修复具有重要意义。基于此,本书从跨学科视角,遵循"基础解析—问题分析—模型构建—实证研究—策略提出—总结展望"的基本逻辑,采用定性与定量相结合的方法,以湖北省襄阳市为例,探讨了城市水安全评价模型理论构建、水安全问题识别实证分析、城市水系统生态修复策略等内容,旨在对我国城市水系统的安全评价模型提供创新思维,对我国城市水系统生态修复提供理论依据。

全书的主要内容包括如下各项。

①解析城市水系统的构成与特征。对城市水资源的概念及其特征进行解析,分析城市水循环与城市水文的特点,进而解析城市水系统的概念、构成、特征、要素及其关系。

②分析城市化过程中城市水系统问题。梳理我国城市化过程中出现的典型水问题,包括城市水资源匮乏、水环境污染、水灾害频发、水生态破坏、地下水危机等,以及它们的特征、成因和影响。

③构建城市水安全评价模型并进行实证分析。基于"压力-状态-响应"模型构建系统的、多目标的城市水安全评价综合模型,以此确定城市内各小流域单元的安全风险等级及关键区域,识别出影响城市"水量、水质、水患、水活力"的关键因素。以湖北省襄阳市为例,分别从区域、流域、城市中心区等空间尺度,探讨其城市水资源安全、水环境安全、水灾害安全和水生态安全问题。

④提出城市水安全导向的水系统生态修复规划策略。对城市水系统生态修复的政策背景、研究与实践、规划内容、修复技术方法进行解析,进而以襄阳市为例提出其城市水系统生态修复规划的主要对策,包括水资源保障、水环境改善、水灾害防治、水生态恢复规划等内容。

目前,我国正处于城市化和工业化的迅速发展阶段。社会经济发展对水生态环境的影响仍将持续下去,水系统的安全也将面临各种挑战。水系统问题逐渐从区域性和局部性向整体性和全国性变化,社会经济对水系统压力负荷的空间发生转移,以至于水生态条件较好的区域出现严重恶化的危险趋势。城市水系统的生态修复是一项长期而艰巨的任务,会成为相当长一段时间内我国生态环境治理的重点领域。可以展望,未来城市水系统也将由局部生态修复走向水系统的全面综合治理,其中构建区域性的水生态文明体系、综合应用水系统修复的工程与非工程措施、开展跨学科的城市水系统安全保障研究将是新的发展领域。

　　本书的写作基于团队"襄阳市城市双修总体规划"项目的部分研究成果,得到了华中科技大学刘法堂老师及襄阳市城市规划设计研究院李鹏涛副院长的指导,也得到了硕士生陈娴、林彤、周昊阳、陈姿璇、李春晖、高俊阳、尹智文、刘思为、赵佩青、陈丹等同学的图表绘制帮助,在此一并表示感谢。由于笔者水平有限,加之时间限制,本书难免有诸多不妥之处,也必然存在许多可以改进的方面,敬请读者批评指正。

王宝强
2021 年 5 月于华中科技大学

目　　录

第 1 章　城市水系统的构成与特征

1.1　城市水资源及其特征

水是生命之源、生产之要、生态之基。水作为整个生物圈中最重要的物质和资源之一,维系着自然界所有动植物的生长和平衡,尤其是城市地区,其一切经济和社会活动都极大地依赖水资源。

1.1.1　城市水资源概念

各国从不同角度对水资源进行了阐述,不断加深了人类对水资源内涵的理解与认识。到目前为止,有关水资源的确切含义仍无公认的总体定义。水资源概念的发展过程及其内涵随着时代的进步具有动态性(任树海,2003)。

水资源这一名词最早(1894 年)出现于美国地质调查局(USGS)设立的机构名称中,即水资源处(WRD),并延续至今,这里的水资源是指陆面地表水和地下水的总称。《大不列颠百科全书》将水资源解释为"全部自然界任何形态的水,包括气态水、液态水和固态水的总量",含义十分广泛。1963 年英国《水资源法》将水资源定义为(地球上)具有足够数量的可用水源。1988 年联合国教科文组织及世界气象组织共同制定的《水资源评价活动——国家评价手册》将其定义为可供利用或可能被利用,具有足够数量和可用质量,适合当地需求、能长期供应的水源。

2002 年的《中华人民共和国水法》中将水资源解释为地表水和地下水。《中国大百科全书》在不同的卷册对水资源进行了不同的解释:"大气科学·海洋科学·水文科学"卷中将水资源定义为"地球表层可供人类利用的水,包括水量(水质)、水域和水能资源",在"水利"卷中将水资源定义为"自然界各种形态(气态、液态或固态)的天然水,并将可供人类利用的水资源作为供评价的水资源"。

1

综上所述,水资源可以理解为人类长期生存、生活和生产活动中所需要的各种水,既包括数量和质量方面,又包括使用及经济价值方面的含义。一般认为,水资源概念有广义与狭义之分。狭义的水资源主要指目前能够被人类开发利用的淡水资源。广义是指能够直接或间接在一定经济技术条件下使用的各种水和水中物质,因此在生产生活中具有使用价值和经济价值的水都可称为水资源(何俊仕,2006)。

城市水资源是指一切可被城市利用的天然淡水资源和可再生利用水,它是城市形成与发展的基础,是城市供水的源泉。我国城市水资源的特点是人均占有水资源量小,水资源严重短缺,开发利用强度大,因不合理使用水资源而产生的环境问题突出。

1.1.2　城市水资源特征

水是自然界重要的组成物质,是环境中活跃的要素。水资源与自然界其他资源相比,具有以下特性:循环再生性和有限性、时空分布的不均匀性、利用的广泛性和不可替代性、利与害的两重性(林长春,2008)。

(1)循环再生性和有限性

水资源与自然界其他资源的不同之处在于其在水文循环过程中不断地恢复和更新。因此水资源具有可恢复性,属于可再生资源,水循环过程具有无限性的特点。此外,水循环受太阳辐射、地表下垫面、人类活动等条件的制约,区域内更新的水量是有限的,且自然界中不同水体的循环周期不同,导致水资源恢复量的有限性。水资源是重要的生产、生活要素,在开发利用水资源的过程中应当注重对生态环境及水资源再生能力的保护。

(2)时空分布的不均匀性

在自然界中水资源呈现气态、液态及固态分布在海洋、陆地的表面、地表以下的岩石和大气层内,由于其循环再生性和有限性等特性,水资源在时间及空间等方面呈现出不均匀性。

在年际、年内水资源变化幅度较大,年际丰、枯水年及年内汛期、旱期水资源变化差异较大,呈现出水资源时间变化的不均匀性。水资源空间变化的不均匀性表现为在地理分布上的不均匀性,全球降水及水循环能力呈现出明显的区域性差异。例如:降水量小、水循环不活跃的地区,水资源缺乏;

降水量大、水循环活跃的地区,水资源丰富。受降水等各种自然因素的影响,我国水资源的时空分布极不均匀,总体上呈现从东南向西北逐渐递减的趋势,南方水量丰沛,西北及华北干旱缺水;沿海多、内陆少;山区多、平原少。在时间分布上,我国夏季降水丰沛,冬季降水少。此外,径流量的年际变化程度与水资源量成反比,越是干旱的地区变化越大。

（3）利用的广泛性和不可代替性

水资源作为生活、生产资料用途广泛,关系国计民生的各行各业都离不开它。根据水资源的利用方式,可将其分为消耗性用水和非消耗性用水两种类型。生活用水、农业饮水灌溉、工业生产用水及在液态产品中作为原料等都属于消耗性用水,其中可能有一部分回归到水体中,但水量已减少且水质也发生了变化;另一种水资源的使用形式为非消耗性,如养鱼、航运、水力发电等。水资源在不同用途中消耗性与非消耗性并存,且不同用水目的对水质的要求各不相同,可进行水资源一水多用,充分发挥其综合效益。因此水资源是其他任何自然资源无法替代的。

此外,水资源是自然界环境的重要组成部分,具有巨大的非经济效益,即生态环境效益。水是一切生物的命脉,具有利用的广泛性与不可替代性。随着城市化不断推进、工农业生产日益发展及人口不断增长、人民生活水平逐步提高,水资源需求量与消耗量将不断增加。水资源问题已成为当今世界普遍关注的重大问题。

（4）利与害的两重性

由于时空分布的不均匀性,水资源具有既可造福于人类又能危害人类生存的两重性。降水及区域径流的时空差异,往往会导致洪涝、旱灾等自然灾害。水资源质、量适宜且时空分布均匀,将为区域经济发展、自然环境的良性循环和人类社会进步作出巨大贡献。水资源开发利用不当,会制约国民经济发展,破坏人类生存环境（李广贺,2002）,例如垮坝事故、次生盐渍化、水质污染、地下水枯竭、地面沉降等。因此,开发利用水资源必须重视其两重性,在开发利用过程中强调合理利用、有序开发,严格遵守自然和社会经济规律,达到兴利除害的双重目的。

城市水资源由于独特的环境条件和使用功能,除具有上述水资源的基

本特征外,还具备以下特性。

①水量的有限性。随着城市人口规模的增加、经济和工业的发展、生态景观用水的需求急速增长,城市用水需求量节节攀升,而城市水资源可开发利用的总量是极为有限的。

②循环的系统性。城市水资源在地表、地下、大气降水的不断循环中形成了复杂的系统,不同类型的水在相互转化时,因人类活动的影响受到污染,会发生质和量的变化。城市水资源利用的各个环节相互关联,是一个不可分割的整体。

③水循环的脆弱性。在循环过程中城市水资源的水质容易受到污染物的影响,水量容易失去平衡,且地下水的平均循环时间很长,在深处蓄水层的循环时间甚至长达数千年,遭到破坏后很难恢复,常常需要付出巨大的代价。

④一定程度的可恢复性。通过人为干预、改变城市发展模式和用水机制,以及水体的自净功能,可以改善城市水资源的水质。不过这个过程需要一定的时间和代价。水量的补充依赖于自然环境中水的可循环性,应进行合理的控制,使城市水资源得到持续利用。

1.2　城市水循环

水循环是指大自然的水通过蒸发、植物蒸腾、水汽输送、降水、地表径流、下渗、地下径流等环节,在水圈、大气圈、岩石圈、生物圈中进行连续运动的过程。城市水循环是发生在城市区域内,自然水循环与社会水循环耦合构成的水循环系统,分为自然、人工、经济和社会水循环四类(徐瑾,2013)。

①自然水循环是指将大气和地下水与城市水通过水循环中的相关作用联系起来的过程,具体作用包括蒸腾、蒸发、降水、地面径流、土壤渗透等(朱坦,2003)。自然水循环主要考虑在水循环大系统中运用自然因素,包括重力、太阳辐射等。

②人工水循环由城市的给水、用水、排水和处理等部分组成,通过部分水量的消耗、污水的产生与处理等手段来实现水的循环利用。城市用水一

部分蒸发,一部分利用后变成污水,经过环境工程及生态工程处理成为回用水资源,其余部分渗滤成为地下水或者通过蒸发及降水成为城市水资源。人工水循环主要通过污水深度处理和回水循环利用对水资源、水环境作出贡献(陈康贵,2003)。

③社会水循环是人工及自然水循环建立的保障,指通过增强人的保护意识,促进水环境恢复与水循环系统完善。通过尊重水系统的自然规律,合理使用水资源,将废水净化后加以回用,促进已恶化或循环利用效率低下的城市水循环系统逐步良性运转,一定程度上增加城市水资源。在社会水循环过程中,污水处理厂起到净化城市污水、制造再生水的作用,是维持社会水循环健康发展的关键所在(张杰,2004;刘俊良,2003)。

④经济水循环是指通过产业结构调整及一系列经济杠杆,增强自然水循环,规范社会取水量、促进水污染控制技术的发展和进步,达到经济水循环的良性发展。

城市水循环系统总图见图 1-1。

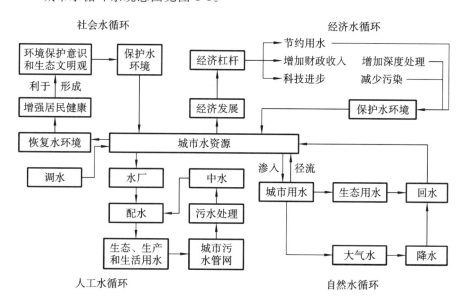

图 1-1　城市水循环系统总图

(资料来源:《基于可持续发展的城市水循环系统规划与评价研究》)

简单理解,自然水循环涉及蒸发、降水、径流、入渗四个主要环节,是发生在城市区域内的气象水文过程;社会水循环主要包括水源、供水、用水、排水四个主要环节,即城市水系或水体通过取水工程送至城市水厂,经过净化处理配送至各用水单元,使用后排放至污水处理厂,经处理达标后排入天然水体或处理成为再生水,在城市社会经济系统中完成连续循环过程(图1-2)。自然水循环及社会水循环很大程度上决定着城市区域水量平衡及水质情况。

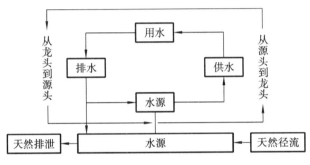

图 1-2 城市水循环概化图

1.3 城市水文

城市水文是发生在城市及其邻近地区包括水循环、水平衡、水资源、水污染在内的水的运动及其影响和作用的总状况。城市水文学主要研究发生在大中型城市环境内部和外部,受到城市化影响的水文过程,是为城市建设和改善城市居民生活环境质量提供水文依据的学科,又称都市水文学,是水文学的一个分支。城市水文学研究的基本问题是城市水文气象、城市暴雨径流和防洪、排水,城市水资源和供需平衡,以及城市水质评价和水污染控制。

城市水文与自然界的流域江河水文的主要区别如下。

①城市不透水面积比重大,径流系数明显偏高,大部分降雨直接进入排水管道或河道。地表径流又称地面径流,是指降雨中既没有被土壤吸收、也未在地表积存,向下坡流去、汇集于排水沟和小溪中的那部分水量。只有当降雨强度超过了入渗速率时,才会发生地表径流。城市不透水下垫面面积

比重越高,蒸发量越低,地表径流量比例越高,浅层入渗量越低。

②城区汇流时间很短,极容易产生地表积水,由此导致城市洪涝灾害。其成因与夏天雨水多、城市"雨岛效应"、城市地表多是隔水层、城市下水道排水能力有限、部分地域地势低、城市预防及应对灾害能力不足、机械排水能力不足等有关。

③水体污染相对集中,污水相应增多,从而对居民生活和城市河湖生态环境造成影响,形成地表径流污染。地表径流污染是指在降雨过程中雨水及其形成的径流在流经城市地面时携带一系列污染物质(耗氧物质、油脂类、氮、磷、有害物质等)排入水体而造成的水体面源污染。

④许多城市面临水资源紧缺的严峻形势。大量开采利用水资源,会增大生活污水和工业废水的排放量,使地表水和地下水体遭受不同程度的污染。过量开采地下水导致地下水位逐年下降,水资源逐渐枯竭。我国已出现了 56 个地下水区域性下降漏斗,总面积达 $8.7 \times 10^4 km^2$,致使单井出水量减少,供水成本增加,大批机电井报废,甚至水源地报废。地下水位的持续下降产生地面沉降、塌陷、地裂缝等环境工程地质问题;在沿海城市,还引发了海水入侵。过量利用地表水和地下水引起生态环境恶化,大部分靠近人类活动区的水域环境遭到破坏,生态种群的多样性减少甚至消失。

1.4　城市水系统的构成与特征

1.4.1　城市水系统的构成

系统即若干部分相互联系、相互作用形成的具有某些功能的整体。我国著名学者钱学森认为:系统是由相互作用、相互依赖的若干组成部分结合而成的,具有特定功能的有机整体,而且这个有机整体又是它从属的更大系统的组成部分。

霍莉(2007)认为城市水系统的定义取决于研究的目标和目的。Wolfgang Schilling(1994)将城市水系统表述为在城市范围内使用的跟水有关的设施,包括取水、运水、用水、集水、水处理等。在新西兰环境委员会(2001)的一份官方报告"21 世纪的城市水系统"中,城市水系统指城镇中所有自然存在的、改进过的和已建的水系统。陈吉宁(2005)指出,城市中与水

相关的各个组成部分所构成的水物质流、水设施和水活动形成了"城市水系统",包括水源子系统、给水子系统、用水子系统、排水子系统、回用子系统和雨水子系统。余蔚茗(2008)将城市水系统定义为城市化地区为水资源开发、利用、治理、配置、节约和保护而进行的防洪、水源开发、供水、输水、用水、排水、污水处理与回用,以及跨区域调水等涉水事务的总称。匡跃辉(2015)指出城市水系统是指在一定区域内人类、水生动植物与水环境相互促进、相互制约,共同构成既矛盾又统一的动态平衡系统。李家杰(2016)把城市水系统划分为自然水循环系统和社会水循环系统两大组成部分,认为解决城市水问题自然和社会系统是不可分割的整体。狭义角度来看,城市水系统结构主要取决于水源、供水、排水等要素及其相互关系,由水源子系统、供水子系统、用水子系统、排水子系统以及各子系统的要素构成的三级分层结构(图1-3),各层级之间相互联系与制约,通过综合协调达到系统的稳定性与整体性,合理的城市水系统结构有助于促进城市水系统良性循环(邵益生,2004)。

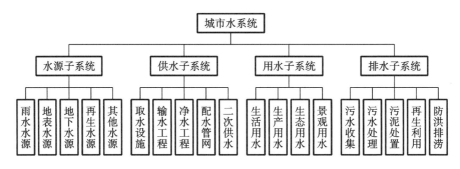

图1-3　城市水系统三级谱系结构

(资料来源:《城市水系统科学导论》)

本书从城市水系统安全评估与生态修复的视角出发,界定的城市水系统是指与城市水资源利用和保护相关的水资源、水环境、水灾害、水生态在内的各种要素及其形成的相互依赖、相互关联、相互影响的关系的统称。

因为城市水系统具有明显的分层结构,根据结构决定功能的原理,城市水系统功能分为整体功能与子系统局部功能两类。城市水系统以自然水循环为基础、以社会水循环为主导,因此其整体功能是在保持水资源平衡、水环境质量及水生态系统的约束下,最大限度满足城市生活、生产及环境生态等城市社会经济的合理用水需求,并确保城市水安全。各子系统局部功能的实现是城市水系统整体功能实现的前提。

1.4.2　城市水系统要素之间的关系解析

（1）城市水系统要素之间的关系

城市水系统具有自然属性和社会属性,概括为两个方面的内涵:①自然水网,包括江、河、湖、库、渠等各类水体;②社会水系统,包括给排水管道、用排水主体、污水处理厂、自来水厂等城市设施及管理单位。从城市水系统不同的特性分析,可划分为水资源系统、水环境系统、水灾害系统和水生态系统四大子系统(图 1-4)。城市水系统是个复杂的系统,各子系统的侧重点各不相同,它们之间是相互联系、相互促进、相互制约的。其中,水资源系统是

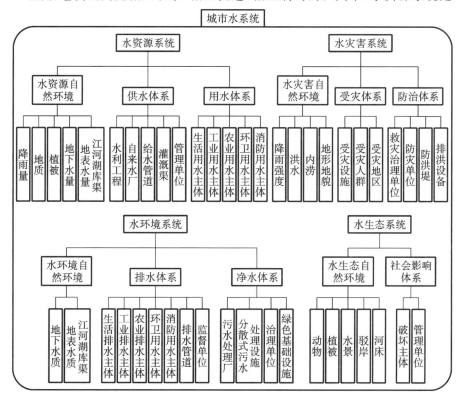

图 1-4　城市水系统组成要素分析图

基础和前提,是各子系统存在的根本意义,水量是其关注的重点,包括自然界储水量和社会供水量两方面。水环境系统是核心,是保证各子系统可持续发展的关键,其侧重点是水质,是指自然水质污染状况及其耐污能力。水灾害系统是屏障,为各子系统的健康运转提供一定的保障,水患是其要点所在,是指洪水、内涝及其对社会的影响。水生态系统是催化剂,加速各子系统的运转、激发各子系统的动力,其侧重点是水景和动植物生存状况(即水活力)。

由子系统之间的相互关系分析可知,四个子系统紧密相关,通过各组成部分之间的相互联系,从而对整个城市水系统产生影响(图1-5)。一方面,水量、水质、水患和水活力任意一项的状态发生变化,都会在一定程度上对其他要素产生影响。另一方面,社会的各项行为也可能导致水量、水质、水患和水活力中的一项或多项改变。因此,要全面改善城市的水问题,不宜只对单方面的水问题进行研究,应多方位、多角度进行综合治理。考虑到水资源、水环境、水生态和水安全的相互影响,才能有效、快速地解决城市水问题,构建和谐的水生态文明城市。

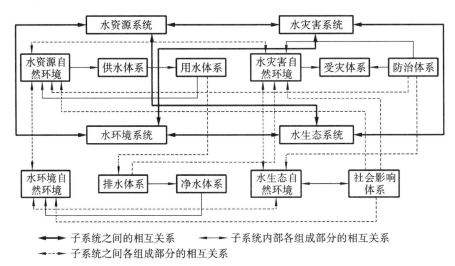

图1-5　城市水系统各子系统之间及内部相互关系示意图

(2)子系统内部组成部分间的因果关系

城市水系统各子系统内部各组成部分之间存在一定的因果关系。基于城市水系统组成要素分析,从威胁、维护治理能力和"水量-水质-水患-水活力"因果关系角度出发,对各子系统内部的各组成部分进行重分类和因果梳理。

水资源系统方面,降雨量少、地质情况差、植被不足、用水主体用水量大,从蓄水和用水层面反映出对城市水量的负面影响,相关管理单位对水量的保护及管理能减少给自然和社会带来的不利影响,保证水量(图 1-6)。

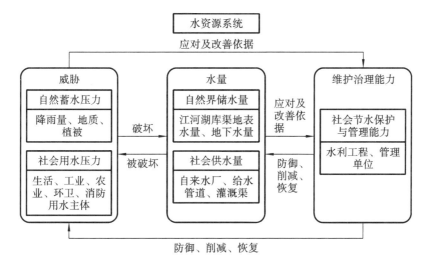

图 1-6　城市水资源系统内部组成部分之间的因果关系分析图

水环境系统方面,社会各排水主体的污水排放,给城市水质带来严重的威胁,而污水管道、相关管理单位、绿色基础设施等对城市污水以及水质的恶化能够进行有效的控制和净化,改善水质(图 1-7)。

水灾害系统方面,城市降雨、地形地貌、受灾区建设用地及人口分布等自然和社会因素,形成了水患的基本孕灾环境,防洪排涝基础设施的建设和救灾防灾单位的管理能适当减小孕灾环境带来的干扰,缓解城市水患的影响(图 1-8)。

水生态系统方面,河床的积淤、驳岸的硬质化程度等河道基本情况以及来自城市建设和居民行为的社会破坏能力均会对城市水活力(水生动植物的生存及水景情况)造成不利影响,相关单位的保护与管理能较好地应对威胁并维护水生动植物和水景的健康、可持续发展(图 1-9)。

由此可见,水量、水质、水患和水活力是各子系统的核心,各子系统内部的"威胁"和"维护治理能力"的共同作用决定了城市水系统的"水量、水质、水患和水活力"所处的状态。

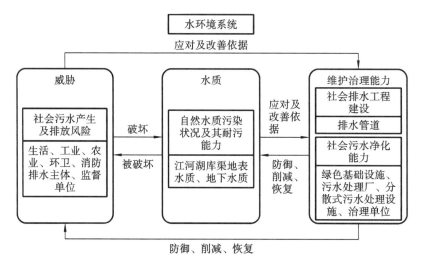

图 1-7　城市水环境系统内部组成部分之间的因果关系分析图

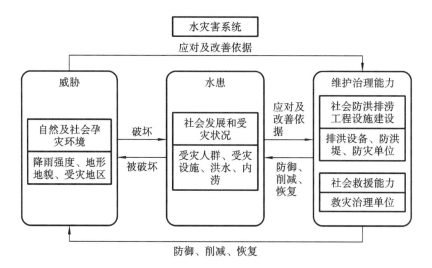

图 1-8　城市水灾害系统内部组成部分之间的因果关系分析图

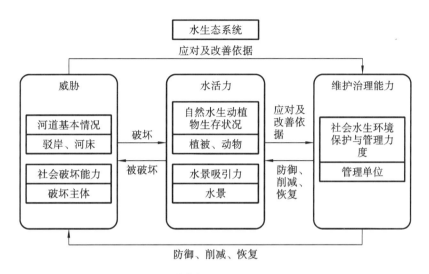

图 1-9 城市水生态系统内部组成部分之间的因果关系分析图

1.4.3 城市水系统特征

①城市水系统具有整体性。根据城市水系统内容要素可知,城市水系统指江、河、湖、库、渠等自然水系及与水相关的城市设施及管理单位,具有自然和社会两种属性,是由水资源系统、水环境系统、水灾害系统和水生态系统四大子系统构成的有机整体。由子系统之间的相互关系分析可知,四大子系统紧密相关,通过各组成部分之间的相互作用,从而实现对整个城市水系统的影响。

②城市水系统具有层次性和复杂性。根据城市水系统结构要素可知,城市水系统是城市复杂巨系统的一部分,具有明显的分层结构,内部结构复杂,外部影响因素较多。城市水系统结构的层级性决定了城市水系统的规划、管理和建设的层次性。城市水系统整体功能要求在一定约束条件下最大限度满足城市生活、生产及环境生态等城市社会经济的合理用水需求。因此城市水系统涉及资源、环境、生态社会、经济、文化等诸多方面,呈现出高度的复杂性。

③城市水系统具有动态性与稳定性。城市水系统是以水循环为基础、水通量为介质、水设施为载体、水安全为目标、水管理为手段的综合系统(邵

13

益生,2014)。因此城市水系统的动态性主要是由水的循环及流动特性决定的。同时通过系统要素间的整合与协调,可充分发挥水资源可循环再生的特点,提高水资源回用率,使得系统趋于有序,从而实现平衡发展。

1.4.4　城市水系统规划

城市水系统规划就是对一定时期内城市的水源、供水、用水、排水等子系统及其相互关系的统筹安排、综合布置和管理实施(邵益生,2004)。城市水系统规划由城市水系统综合规划和城市水系统专项规划构成,专项规划是指现行的所有涉水规划。城市水系统规划具体内容包括:开展城市水系统现状调查与评价、确定规划原则与目标和城市水系统的功能分区,协调确定水源、供水、用水、排水等专项规划的关键参数,统筹部署相应的基础设施,支撑和落实城市总体规划的目标任务并为水系统其他专项规划提供指导和约束。具体包括评估水资源承载力、合理确定水设施保障能力、平衡兼顾"三生"用水需求、系统考虑水环境承载能力等(邵益生,2004;宋兰合,2005)。

城市水系统生态修复规划是城市水系统规划的专项规划之一。英国学者 Aber 和 Jordan 于 1985 年首次提出"恢复生态学"的概念。同年,国际生态恢复学会(Society for Ecological Restration)成立。1996 年,该学会提出生态修复的概念,于 2002 年将其定义简化为协助被退化、破坏或毁坏生态系统的恢复。我国城市生态修复起步较晚,2016 年住房和城乡建设部印发的《关于加强生态修复城市修补工作的指导意见(征求意见稿)》对于城市生态修复有了较为明确的定义,指出生态修复旨在有计划、有步骤地修复被破坏的山体、河流、植被,重点是通过一系列手段恢复城市生态系统的自我调节功能。随着城市水问题的凸显和"城市双修"的提出,城市水系统生态修复应运而生。城市水系统生态修复是指通过降低对水量、水质、水患和水活力的威胁强度,并加强保护与治理力度,来实现城市水安全,其核心为提升水量、改善水质、减少水患和激发水活力。

1.5　城市水系统安全评价与生态修复研究结构

当前城市水系统生态修复的理论研究偏重于对水系统的某一方面或局

部水系进行修复。我国各个城市均面临各类水问题,在全国大力推广"城市双修"实践的契机下,水安全治理虽取得了一定的成效,但仍存在着重实践而轻理论的问题,缺乏对丰富实践的系统性总结和再反馈。准确把握城市水系统的内涵,从水资源、水环境、水灾害和水生态方面探索城市水系统的安全评价与生态修复具有重要意义。基于此,遵循"基础解析——问题分析——模型构建——实证研究——策略提出——总结展望"的基本逻辑,研究过程中采用定性与定量相结合的方法,包括文献综述法、现场调研法、问卷调查法、数理统计法、空间分析法等,本书研究的内容如下。

(1) 解析城市水系统的构成与特征

首先对城市水资源的概念及其特征进行解析,分析城市水循环、城市水文的特点,进而分析城市水系统的概念与构成、要素及其关系、基本特征,综述当前城市水系统规划的内容,为后续研究内容奠定基础。

(2) 分析城市化过程中城市水系统问题

针对我国城市化过程中出现的典型水问题进行分析,包括城市水资源匮乏、水环境污染、水灾害频发、水生态破坏、地下水危机等特征、成因及其影响。

(3) 构建城市水安全评价模型并实证分析

通过对城市水系统构成要素及其相互关系的研究,基于"压力-状态-响应"模型构建系统的、多目标的城市水安全评价综合模型。根据评价结果,确定城市内各小流域单元的安全风险等级及安全风险较大的小流域关键问题所在,并识别出影响城市"水量、水质、水患、水活力"的关键因素。以典型的河湖水系丰富、水系统安全问题突出的湖北省襄阳市为例进行实证分析,分别从区域、流域、城市中心区等空间尺度出发,旨在探讨襄阳市城市水资源安全、水环境安全、水灾害安全和水生态安全问题。

(4) 提出城市水安全导向的水系统生态修复规划策略

对城市水系统生态修复的政策背景、研究与实践、规划内容、修复技术方法进行解析,进而以襄阳市为例提出其城市水系统生态修复规划的主要对策,包括水资源保障、水环境改善、水灾害防治、水生态恢复规划等内容。

（5）展望城市水系统综合治理的对策

在总结研究结论的基础上，提出未来城市水系统将由局部生态修复走向水系统的全面综合防治，其中构建区域性的水生态文明体系、综合应用水系统修复的工程与非工程措施、开展跨学科的城市水系统安全保障研究将是新的发展领域。

第 2 章　城市化过程中的城市水系统问题

城市作为人类的主要聚集地是整个区域环境的重要组成部分,聚居了大量的人口,是各种生产和生活活动频繁的地域,需要大量的生活用水、工业用水和环境用水。城市化,又称城镇化、都市化,是指人口向城市聚集、城市规模扩大以及由此引起一系列经济、社会变化的过程,其本质是经济结构、社会结构和空间结构的变迁。城市化进程进一步加快,导致大量人口与经济、社会活动聚集在范围相对狭小的城市区域内,对大气圈、岩石圈、水圈和生物圈整体的生态系统产生了重大的影响,环境问题随之产生。其中最为显著的就是城市水系统问题,成为阻碍城市可持续发展的主要因素。城市化的水文效应是指城市化所及地区内,水文过程的变化及其对城市环境的影响。

我国城市化水平稳步提高,城镇化发展非常迅速。2019 年城镇化率已突破 60%。近 40 年城镇化快速推进的过程中,出现了众多的水问题。水资源的过度开发,已造成许多河流断流、干涸;各类污染物大量入河,导致河流水体严重污染;城市洪涝灾害频发,使人们的生活、健康受到严重的威胁;水土流失、河岸植被破坏等严重问题,导致河流生态系统功能受损,服务功能退化;地下水污染严重、地下水资源压力不断增大(张光锦,2009)。

2.1　城市水资源匮乏问题

由于城市的发展和人口增长,城市工农业用水、生活用水剧增,城市用水在空间上具有高度的集聚性,必然对水资源产生深刻的影响。另外,城市消耗了大量来自城市外的粮食、消费品、能源等,在生产、运输、销售过程中消耗了大量的水资源,城市对这种虚拟水的需求量远远大于城市的直接用水(Hoekstra A Y,2007)。随着城市规模的不断扩大,人口的不断增长,产

业结构的不断升级,城市对水资源的需求不断增加。当水资源能够满足城市的建设规模和发展速度时,水对城市的建设和发展发挥着促进作用。但是,当城市建设的规模和发展速度超过了水资源的承受能力时,水对城市的建设和发展就起到制约作用。例如,提取大量的地表水和地下水;大量集中取水导致径流减少、地下水位下降,不透水地面扩大导致的下渗减少会加剧内涝风险;排放未经处理或处理不达标的污水导致水体污染等。作为发展条件,水资源对城市发展的作用在城市不同的发展阶段有不同特点(张学真,2005)。各阶段水资源利用与城市发展的关系特征见表2-1。日益突出的水资源供应不足及水污染和浪费等一系列问题,导致城市水资源供需关系处于严重水荒阶段,必然阻碍城市化进程(张建云,2012)。

表 2-1　水资源利用与城市发展的关系特征

	城市化初期	城市化中期	城市化后期
城市发展特征	规模小,布局分散	规模扩大,布局集中	规模与结构达到一定水平
水资源地位	支撑条件	保障条件	保障、引导条件
需水特征	规模小,就地取材	规模大,增长快	规模大,增长缓慢
水资源供需特征	供大于需,非网络化,利用率低,地点平衡	供需相对平衡,网络化,利用率提高,地区平衡	供小于需,网络化,利用率提高,输送距离长
水资源供应成本与距离	成本低,输送距离近	成本适中,输送距离延长	成本高,输送距离长
水资源利用的制约因素	资源可利用量,投资	资源可利用量,成本	资源可利用量,成本,环境因素

资料来源:参考《城市化对水文生态系统的影响及对策研究》(张学真,2005)修改

　　我国是一个水资源大国,亦是一个人口大国。2017 年,我国全国水资源总量居世界第四位,但由于人口众多,人均水资源量仅为世界平均水平的四分之一,是典型的贫水国家(国家统计局,2018)。2010—2019 年,我国水资源总量总体呈现下降的趋势(图 2-1)。截至 2019 年底全国水资源总量为

29041 亿 m³,同时我国水资源也存在南北时空分布不均匀的问题。2019 年我国南方 4 区的水资源量为 23430.2 亿 m³,占全国水资源总量的 80.68%,而北方 6 区的水资源量为 5610.8 亿 m³,占比为 19.32%。

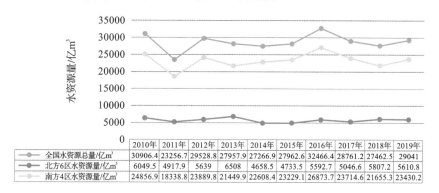

	2010年	2011年	2012年	2013年	2014年	2015年	2016年	2017年	2018年	2019年
全国水资源总量/亿m³	30906.4	23256.7	29528.8	27957.9	27266.9	27962.6	32466.4	28761.2	27462.5	29041
北方6区水资源量/亿m³	6049.5	4917.9	5639	6508	4658.5	4733.5	5592.7	5046.6	5807.2	5610.8
南方4区水资源量/亿m³	24856.9	18338.8	23889.8	21449.9	22608.4	23229.1	26873.7	23714.6	21655.3	23430.2

图 2-1 2010—2019 年我国水资源总量变化图

(资料来源:中国水利部)

据水利部统计,在全国 660 多个城市中,有 400 多个城市呈现不同程度缺水。中国水利水电科学研究院的学者曾选取全国 365 个城市作为研究对象,对我国城市缺水情况进行了详细的调查。研究城市中有 273 座城市缺水,占比 75%(表 2-2、表 2-3)。我国城市发展过程中对水资源的需求呈现上升趋势,严重缺水的城市主要集中在北方,北方城市为资源型缺水,城市发展的需水量超过当地水资源的承受能力,而南方城市由于工程设施需水量大导致缺水,或工农业污染导致污染性缺水。虽然我国先后采取了各项措施,但缺水情况仍然随着经济社会的快速发展、各地区人口的不断增加、水资源短缺以及过度开发等问题日益严重。

表 2-2 我国 2019 年城市缺水程度统计表

缺 水 程 度	缺水率/(%)	城市数量/座	占比/(%)
基本不缺水	<5	92	25.21
轻度缺水	5~10	79	21.64
中度缺水	10~20	101	27.67

缺 水 程 度	缺水率/(%)	城市数量/座	占比/(%)
重度缺水	>20	93	25.48

资料来源:中国水利水电科学研究院水资源所

表 2-3 我国 2019 年城市缺水类型统计表

缺 水 类 型	概　念	城市数量/座	缺水城市占比/(%)
资源性缺水城市	由于水资源短缺,城市生活、工业、生态与环境等的需水量超过当地水资源承受力而造成缺水的城市	125	45.79
水质性缺水城市	由于水源受到污染使得供水水质低于工业、生活等用水标准而导致缺水的城市	21	7.69
工程性缺水城市	当地具备一定的水资源条件,由于缺少水源工程和供水工程,供水不能满足需水要求而造成缺水的城市	79	28.94
混合性缺水城市	由于资源不足、水质恶化、工程落后或管理措施不力等多种因素综合作用而造成缺水的城市	48	17.58

资料来源:中国水利水电科学研究院水资源所

2.2　城市水环境污染问题

城市化对地表水和地下水的污染是长期存在的一个问题。城市化在带动区域经济有效发展的同时,城市规模扩大,人口大量聚集,区域治理缺少上下游、整个流域联动,使得各个辖区内的污水治理效果甚微。同时水污染也进一步加剧了水资源短缺的问题,原本不缺水的城市,也会因为水质污染而出现水质性缺水。大部分的城市供水通常来自城区之外,其产生的污染也趋向于向下游排放,因此城市对水环境、水资源的影响范围远超其城市地域界线。生活污水、工业污水、农业污水都已破坏自然环境的自净能力,严重影响了城市居民的生活质量和健康。根据学者的研究表明(Zhang,2015),20 世纪 70 年代,中国 90%的工业废水和生活污水未经处理就直接排放,城市河道逐渐沦为工业废水和生活污水的排污通道。20 世纪 80 年代,许多水库和湖泊还处于贫营养状态,到 2000 年,中国几乎所有的湖泊和水库均为中营养以上状况。2009 年以后,已有超过 65%的湖泊达到富营养化。国外发达国家的发展规律显示,城镇化率达到 50%之后是水污染事件高发期(仇保兴,2014)。

水环境污染影响因素主要体现在四个方面(蔡新强,2021)。其一,城市化进程显著加快,大量外来人员涌入,城市人口规模逐渐扩大,导致生活废水大量增长。其二,社会、经济快速发展催生了大量的工业企业,工业废水量增长。部分企业缺乏环保意识,向城市河流中排放工业废水,导致河流出现污染物超标的现象;部分企业缺乏较高技术的污水处理能力,废水处理没有完全达标就直接排入城市水体;部分行业的工业废水会显著降低河流的自净能力。其三,畜禽养殖业的发展。养殖业的规模不断扩大,而缺乏对牲畜粪便的处理设备,牲畜的粪便直接排放进入河流水体,导致城市河流自净化负担增加。其四,面源污染的扩大。部分城市雨污分流系统没有得到完善建设,受雨水冲刷作用,河道周边面源污染物会进入城市河流,影响城市河流生态系统,导致水污染问题出现。

2019 年 5 月,生态环境部首次公布地级及以上城市水质排名,同时指出当前城市水污染形势十分严峻,全国九成的城市水体均遭受不同程度的污染(表 2-4)。2014—2015 年,中国水安全公益基金对全国 29 个大中城市的居民饮用水水质进行抽样调查,48%的城市存在一项或多项指标不合格。生态环境部对全国 31 个省(区、市)223 个地级市的 5100 个地下水监测点开展了地下水水质监测,据最新数据显示,66.6%的地下水水质不合格(中华

人民共和国生态环境部,2018)。随着城市开发力度和工业化进程的加快,我国各个城市的水质问题逐渐凸显。

表 2-4   2019 年 1—3 月国家地表水考核断面水环境质量排名后 30 城市及水体

排名	城市	考核断面所在水体
倒 1	吕梁市	文峪河,岚漪河,黄河,湫水河,屈产河,岚河,蔚汾河,三川河,磁窑河
倒 2	营口市	碧流河,熊岳河,大清河,沙河,大旱河
倒 3	邢台市	牛尾河,卫运河,滏阳河
倒 4	辽源市	东辽河
倒 5	晋中市	松溪河,清漳河,潇河,汾河
倒 6	茂名市	高州水库,鉴江,袂花江,小东江,关屋河,寨头河,森高河
倒 7	阜新市	西细河
倒 8	沧州市	漳卫新河,宣惠河,青静黄排水渠,子牙新河,子牙河,南排河,廖佳洼河,沧浪渠,北排河
倒 9	临汾市	沁河,昕水河,浍河,汾河
倒 10	东莞市	珠江广州段,东江,东莞运河,石马河,茅洲河
倒 11	鹤壁市	淇河,卫河
倒 12	盘锦市	辽河,大辽河
倒 13	深圳市	深圳河,茅洲河
倒 14	太原市	汾河
倒 15	延安市	王瑶水库,北洛河,仕望河,延河,清涧河
倒 16	铜川市	石川河
倒 17	廊坊市	龙河,北运河,子牙河,潮白河,大清河,潮白新河,洵河
倒 18	乌兰察布市	大黑河,御河
倒 19	庆阳市	蒲河,马莲河
倒 20	锦州市	小凌河,女儿河,大凌河,庞家河
倒 21	东营市	挑河,广利河
倒 22	沈阳市	蒲河,拉马河,浑河,辽河,细河
倒 23	大同市	潴龙河,唐河,南洋河,桑干河,御河
倒 24	铁岭市	清河,柴河,辽河,招苏台河,亮子河

续表

排　名	城　　市	考核断面所在水体
倒 25	锡林郭勒盟	滦河,锡林河
倒 26	长春市	松花江,饮马河,伊通河,双阳河
倒 27	安阳市	淅河,露水河,淇河,安阳河,卫河
倒 28	潍坊市	潍河,峡山水库,弥河,白浪河,虞河,北胶莱河,小清河
倒 29	开封市	涡河,惠济河
倒 30	朔州市	苍头河,桑干河

资料来源:生态环境部办公厅印发《地级及以上城市国家地表水考核断面水环境质量排名方案
(试行)》

　　我国的城市水污染主要表现在水体富营养化、饮用水不达标、水体自净能力持续下降、黑臭水体等。造成水污染的原因主要分为农业、工业、生活三个方面,包括农业农药化肥污染、工业布局不合理、工业排放不达标污染、污水处理设施分布不均衡及污水处理能力不足、雨污分流情况不佳、居民环保意识不强、河道积淤、水系活力不足或流动性不强等。

　　水环境治理一直在实践中不断优化,控源减排始终是其主导目标。对水系统保护的重视程度日益增加,这也促使污水排放标准提高。2002 年《城镇污水处理厂污染物排放标准》的实施,促进了城镇污水处理设施新一轮的提标改造,推动了污水除磷脱氮技术进一步提升,城镇污水处理厂的技术、设备紧跟世界先进水平,呈多样化的发展特征(曲久辉,2020)。

2.3　城市水灾害频发问题

　　洪涝指因大雨、暴雨或持续降雨使低洼地区淹没、渍水的现象。从洪涝灾害的发生机制来看,洪涝具有明显的季节性、区域性和可重复性。如中国长江中下游地区的洪涝几乎都发生在夏季,并且成因也基本相同,而在黄河流域则有不同的特点。同时,洪涝灾害具有很大的破坏性和普遍性。洪涝灾害不仅对社会有害,甚至能够严重危害相邻流域,造成水系变迁。在不同地区均有可能发生洪涝灾害,包括山区、滨海、河流入海口、河流中下游以及冰川周边地区等。但是,洪涝仍具有可防御性。人类不可能根治洪水灾害,

但通过各种努力,可以尽可能地减少灾害的影响。

在城市地区,水是气候变化产生影响的主要媒介(UN-Water,2010)。全球升温造成季节尺度上出现极端高温天气与极端低温天气,以及暴雨、干旱和洪涝等灾害。在气候持续变化的背景下,这些不利的天气事件在频率、严重性和持续时间上都会大幅增加(IPCC,2014)。城市洪涝是指因城市地区的大雨、暴雨或持续降雨使低洼地区淹没、渍水的现象。其成因与夏天雨水多、城市"雨岛效应"、城市地表多是隔水层、城市下水道排水能力有限、部分地域地势低、城市预防及应对灾害能力不足、机械排水能力不足有关。城市洪涝是各种因素的综合作用,包括气候变化、雨岛效应、城市扩张、地面硬化、基础设施和建筑标准偏低、立体交通、内外不畅、管理不善等。城市的洪水类型包括:河流洪水、山洪、沿海洪水、城市排水洪水和地下水洪水。从具体影响来看,洪涝可造成居住区、商业和公共建筑、空间和设施、交通基础设施、公共设施和网络(电力、通信、燃气、供水等)的损害;造成电力网络、通信网络、交通、紧急服务的中断,商业的损失;造成死亡,接触受污染洪水引起的健康问题,受潮和真菌感染,身体关节障碍等疾病;对消防、电力、给排水、水利等应急系统产生影响。

洪涝灾害是我国各个城市自然灾害中多发、影响严重的自然灾害之一,大约2/3的国土面积有着不同类型和不同程度的洪涝灾害(田丽珍,2006)。在全球升温的背景下,快速城市化导致了我国城市内涝灾害尤其突出。住房和城乡建设部对351个城市的调研发现,在2008—2010年的3年间,62%的城市都曾发生过内涝事件,内涝发生3次以上的城市有137个。逢大雨必涝,已成为很多大城市的通病(朱思诚,2011)。2010—2016年,我国平均每年有超过180座城市进水受淹或发生内涝,北、上、广、深四个一线城市均被列为易涝城市。2017年,全国共有104座县级以上城市进水受淹或发生内涝,其中,广州、南京、长沙、吉林、榆林、桂林、九江等城市受灾严重(国家防汛抗旱总指挥部,2018)。广东的201713号强台风"天鸽"、海南的201719号台风"杜苏芮"、浙江的201720号强热带风暴"卡努"以及普遍性降雨、强降雨等,使我国各个地区又轮番上演"城市看海"的景象。珠江、淮河等流域强降水频发、旱涝并重、突发洪涝、旱涝急转等现象日益突出(刘志雨,2016)。

2020 年 3 月,国务院提出的近年来内涝灾害严重、社会关注度高的 100 个城市名单,总体来看,安徽上榜的城市最多,达到 14 个,湖北、湖南分列第二、第三。湖泊萎缩让自然水体的蓄水能力下降,填湖造房又导致路面硬化,使雨水难以下渗,这些都成为城市常年内涝的重要原因。

　　城市洪涝灾害的防治对策,大体可以分为工程性措施和非工程性措施。工程性措施包括:通过适当的材料和设计提高新建筑物和基础设施的抗洪能力;升级和维护排水系统;建立临时蓄水设施;分流制排水;提高入口,建设屋顶花园、临时水存储、斜面房屋等创新性设计;建设防洪坝、防洪堤。非工程措施则是与洪涝灾害预警、洪涝灾害防治规划等相关的软措施,包括:做好排水规划,在总体规划阶段合理确定排水系统的布局,使排水管网顺应原有的自然水体,适应原有的自然蓄水和排水条件;构建城市大排水系统,提高防洪排涝标准,由隧道、绿地、水系、调蓄水池、道路组成大排水系统,通过地表排水通道或地下排水深隧,输送极端暴雨径流;贯彻低影响开发(LID)理念,采用源头削减、过程控制、末端处理的方法进行渗透、过滤、蓄存和滞留,防治内涝灾害,提高雨水利用程度,如通过中储雨水、屋顶绿化、生态景观、生态道路、生态水池、生态广场、绿色停车场、地下空间等实现立体多层次多功能分流分洪;完善排水规划标准,提高内涝防治标准、雨水管道规划设计标准、内河治理标准、雨水控制与利用标准等;改进暴雨径流分析等设计方法,并研究开展不同地区的针对性设计方法;建立雨洪预警系统;加强城市洪涝风险管理,建立雨水影响评价与内涝风险评价制度。

　　2021 年 4 月,国务院办公厅印发了《关于加强城市内涝治理的实施意见》,明确到 2025 年,各城市因地制宜基本形成"源头减排、管网排放、蓄排并举、超标应急"的城市排水防涝工程体系,到 2035 年各城市排水防涝工程体系进一步完善,排水防涝能力与建设海绵城市、韧性城市要求更加匹配,总体消除防治标准内降雨条件下的城市内涝现象。在洪涝灾害成为众多城市面临严重问题的当下,应该放缓追求城镇化建设的速度,布局完善城市排水防涝体系的系统规划,以生态优先为基本思想,以建设海绵城市为基本路径,修复城市水生态、涵养水资源、增强城市防涝能力,实现城市水体自然积存、自然渗透、自然净化的高质量发展方式。

2.4　城市水生态破坏问题

由于城市化进程的加快,我国各个城市普遍面临着各种历史遗留的或是新增的水生态问题,主要包括河岸带被侵蚀(唐克旺,2013)、湖心绿岛过度开发建设、沿岸违章建筑未被完全清除、生活垃圾堆砌、杂草丛生、亲水设施不足等,导致河流水系生态连续性破坏严重、生物栖息地被侵占、湿地萎缩、水岸的生态功能不断下降、生物物种消失速度加快,严重降低了城市的品质,破坏了水体生态系统的可持续发展。虽然各个城市采取了一定的措施,但仍存在管控力度不够、治理区域不全面等问题。

黑臭水体是城市水生态环境破坏的主要表现之一。我国很多河流作为受纳水体,出现了黑臭、生态系统结构失衡、功能严重退化甚至丧失的特性。据调查数据显示,全国 295 个地级及以上城市共有黑臭水体 2869 个,36 个重点城市有黑臭水体 1063 个,而长江经济带 110 个地级及以上城市共有黑臭水体 1367 个,可见分布之广(图 2-2)。目前全国已完成治理 2313 个,治理中 556 个,完成治理比例达到 80.6%;其中,长江经济带已完成治理 1075 个,消除比例 78.6%,略微落后于全国的进度。分省市来看,重庆、浙江、上海已经完成城市黑臭水体治理任务,而安徽、湖北、四川、江苏、贵州的黑臭水体消除比例低于全国平均水平。2018 年我国分区域已认定黑臭水体数量分布情况见图 2-3。根据《2020—2026 年中国黑臭水体治理行业市场运行态势及发展趋势研究报告》数据显示:2019 年 5 月,全国共有 77 个城市黑臭水体消除比例低于 80%,四川省内江、德阳,江西省九江等 19 个城市的消除比例为 0;其中,长江经济带消除比例低于 80% 的城市占比接近 50%,而长江经济带的城市总数量仅占全国的 37%。湖北省黄冈市的黑臭水体消除比例为 0,再加上荆州、孝感、荆门、咸宁、黄石、随州、襄阳八个城市,湖北省内的黑臭水体治理任务仍然十分艰巨,距离水十条的标准和长江大保护战略的标准有较大差距(图 2-4)。

2015 年,中央城市工作会议明确提出了以"生态修复、城市修补"为核心的"城市双修"规划工作要求,强调在全面实施城市黑臭水体整治的基础上,系统开展江河、湖泊、湿地等水体生态修复。现如今对城市河流修复的认识

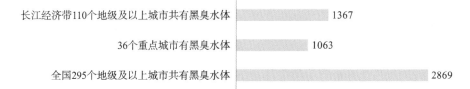

图 2-2　2019 年黑臭水体在我国的分布

（资料来源：《中国环境统计年鉴》）

图 2-3　2018 年我国分区域已认定黑臭水体数量分布情况

（资料来源：《中国环境统计年鉴》）

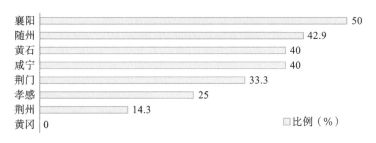

图 2-4　2019 年湖北省黑臭水体消除比例低于 80% 的城市名单

（资料来源：《中国环境统计年鉴》）

不能仅停留在景观层面,河流治理工程也不仅是水利与环境部门的职责,设计者与管理者在工作时应多从景观生态的角度去把握,综合考虑文化要素、空间要素、生态要素和载体要素四大要素,追求城市河流与其周围环境的整体和谐,符合人类亲近自然的要求(王敏,2016)。因此,在"城市双修"工作的背景下,河流生态修复应当突破过往对河流采取直化渠化、拦水建坝、边坡硬化等措施来集中防治河流污染、河道淤积的局限,而逐渐转变为挖掘河流的经济、社会价值,打造"人文生态系统"的新阶段。

2.5　城市地下水危机问题

地下水是指赋存于地面以下岩石空隙中的水,狭义上是指地下水面以下饱和含水层中的水。在国家标准《水文地质术语》(GB/T 14157—1993)中,地下水是指埋藏在地表以下各种形式的重力水。国外学者认为地下水的定义有三种:一是指与地表水有显著区别的所有埋藏在地下的水,特指含水层中饱水带的那部分水;二是向下流动或渗透,使土壤和岩石饱和,并补给泉和井的水;三是在地下的岩石空洞和组成地壳物质的空隙中储存的水。城市化引起的土地利用方式改变,破坏了自然的水循环过程,减少了含水层的垂向补给和蒸发量,同时城市给排水管网渗漏也增加了地下水补给量。城市建设地下水开采会产生诸如地面沉降、地下裂缝等地质灾害,而地下水位回升也会影响下降时期已经建成的城市设施(李宏卿,2007),沿海地区地下水位下降还会造成海水倒灌。

我国地下水资源分布在南北方呈现出两极分化的现象(图 2-5)。北方总量呈现降低的趋势,而南方则呈现出上升的趋势。2019 年我国地下水资源总量为 8191.5 亿 m^3,南方 4 区地下水资源量为 5627.8 亿 m^3,占比68.7%;北方 6 区地下水资源量为 2563.7 亿 m^3,占比 31.3%。

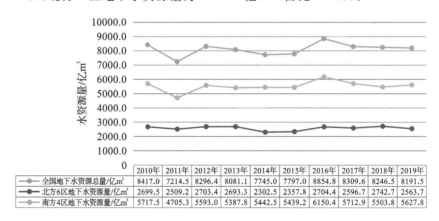

	2010年	2011年	2012年	2013年	2014年	2015年	2016年	2017年	2018年	2019年
全国地下水资源总量/亿m³	8417.0	7214.5	8296.4	8081.1	7745.0	7797.0	8854.8	8309.6	8246.5	8191.5
北方6区地下水资源量/亿m³	2699.5	2509.2	2703.4	2693.7	2302.5	2357.8	2704.4	2596.7	2742.7	2563.7
南方4区地下水资源量/亿m³	5717.5	4705.3	5593.0	5387.8	5442.5	5439.2	6150.4	5712.9	5503.8	5627.8

图 2-5　2010—2019 年中国地下水资源量变化图

(资料来源:中国水利部)

我国城市目前普遍面临地下水超采严重的问题。全国地下水超采面积超过 3×10^5 km²。其中，华北平原地下水超采高达每年 $6 \times 10^9 \sim 8 \times 10^9$ t，80％以上是难以恢复的深层地下水，超采面积超过 7×10^4 km²，已成全世界最大的漏斗区。目前全国已有 50 多个城市发生地面沉降和地裂缝灾害，沉降面积高达 9.4×10^4 km²。环渤海地区海水倒灌面积高达 2457 km²，比 20 世纪 80 年代末增加了 62％（王亦楠，2018）。

　　此外，城市地下水污染严重。2019 年全国 225 个城市地下水（包括浅层地下水和中深层地下水共 10168 个监测点）水质监测评价结果显示，达到饮用标准的仅为 14.4％（生态环境部，2020），且呈现逐年下降的趋势（图 2-6、图 2-7）。除去可能由于水文地质化学背景值偏高造成的总硬度、溶解性总固体、锰、铁和氟化物超标外，"三氮"（亚硝酸盐氮、硝酸盐氮和氨氮）是地下水的主要超标指标，部分监测点还存在重金属和有毒有机物污染。

图 2-6　2019 年全国地下水总体水质状况

（资料来源：2019 年中国生态环境公报）

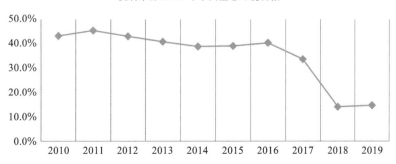

图 2-7　2010—2019 年全国地下水水质达到饮用水标准的水体占比

（资料来源：历年中国生态环境公报）

地下水超采与污染加剧了城市水源的地表水单一化。目前我国城市全部供水量的 81.02% 由地表水提供,656 个城市中有 215 个只利用地表水供水,占城市总数的 32.77%(住房和城乡建设部,2019)。与欧美等发达国家相比,我国依靠单一地表水源的比例偏高,而单一地表水源不能有效抵御气候干旱和突发性污染,如 2005 年松花江污染、2007 年太湖蓝藻、2009—2010年西南地区持续干旱等,都不同程度地停止了城市供水,给居民生活造成巨大不便(吴爱民,2016)。

2.6　城市水系统问题总结

我国很长一段时间都以高消耗的方式快速推进城镇化建设,这一过程带来了剧烈的生态环境变化和胁迫效应,尤其是破坏了自然的水文循环,造成下渗减少、蒸散发减少、径流调蓄空间减少、径流洪峰加大并提前,加剧了生态退化。同时,城市化后密集的人类生产、生活活动进一步改变了城市区域的物质循环,使城市区域的水量平衡受到影响。在全球气候变化的大背景下,上述变化导致一系列水环境问题,其中以城市水资源匮乏、水环境污染、水灾害频发、水生态破坏、地下水危机为常见。我国城市目前面临着严重的水量超采、地表和地下水污染等问题。伴随城市化的加速推进,城市缺水问题短期内难以缓解。我国城市化进程中面临的水环境恶化、黑臭水体、洪涝等城市生态水文灾害频发,都直接威胁到城市居民的生存和健康。

城市化与城市水系统及城市生态系统之间相互作用,关系复杂,传统的水工调控手段已难以解决其中的环境问题。面对当前我国的水环境挑战,我们必须遵循水文循环和生态系统的演变规律,认清城市环境下水文过程和生态过程的相互作用机制,才能解决日益严峻的水资源、水环境、水生态和水灾害问题,从而提升我国城市化的质量,实现宜居城市建设目标和高质量发展。其中基础性的研究工作之一就是开展城市水系统的安全评估,进而提出针对性的水系统生态修复对策,不断提高我国城市的韧性和可持续发展能力。

第3章 城市水系统安全评价模型构建

城市水安全评价的对象是城市水系统,通过定量分析方法对城市水系统的组成要素及其关系进行安全性评估,是识别城市水问题、进行城市水系统生态修复与综合治理的依据。本章通过探讨城市水安全的概念,采用"压力-状态-响应"模型(PSR)选取水安全影响的评价因素,在此基础上构建指标体系,用层次分析法确定指标权重,通过相关分析确定影响城市水安全的主要影响因子,为城市水安全评价指标系统构建提供新的方法和思路。其评价结果可以查明城市水系统内风险强度、维护治理能力,以及水量、水质、水患、水活力等的具体情况,并结合其因果关系分析出影响城市"水量-水质-水患-水活力"的关键因素及关键空间。

3.1 城市水系统安全概念

"无危则安,无缺则全。"安全是指系统在运行的过程中,客观事物所带来的危险在人类和自然普遍能接受的水平之下的状态。最早人们对安全的理解,主要是指预测危险并消除危险,取得不使人身受到伤害,不使财产受损失,保障人类自身再生、健康发展的自由。

水安全问题自古就存在,随着城市的发展和建设,其威胁程度愈演愈烈。水安全是水资源、水环境和水灾害的综合效应,兼有自然、社会、经济和人文的属性。城市水安全是城市生态安全以及区域水安全的重要研究内容,对于促进城市社会经济的可持续发展具有重要的保障作用。对水安全问题的研究起步于 20 世纪 70 年代,1972 年联合国第一次环境与发展大会中有专家预言石油危机之后,下一个危机便是水;1977 年联合国再次强调水将成为一个深刻的社会危机;1992 年《里约宣言》指出,到 21 世纪,在水、粮食、能源这三种资源中,最重要的就是水。缺水已成为当今世界面临的一大难题,水环境的压力还会导致社会动荡、治安恶化,促使环境问题政治化。

2000年第二届世界水论坛及部长级会议在荷兰海牙召开,会议通过的《海牙宣言》指出,城市水安全是在保护生态系统,确保可持续发展和政治稳定的同时,人们都有能力获得充足的水并免受水灾害威胁的状态。赖武荣等(2010)根据城市水安全特有的制约因素,提出城市水安全是指在特定城市区域内,能够保障水量充沛、水质自净能力较强、水生动植物良好生存及社会经济稳定的状态。阮本清(2004)认为城市水安全是指在城市加速发展的进程中,自然的水文循环和人类的涉水行为不会造成严重的水灾害、水短缺及水污染等问题,能够确保生态环境和社会可持续发展的状态。

虽然各专家学者对城市水安全的阐述不尽相同,但存在着共通之处,侧重于水量、水质、水患、水生动植物等一个或多个方面的内容,均包括自然环境和社会人文两个层面的安全。结合本书的研究内容,城市水安全是指在一定城市范围内,水量、水质、水患、水活力在各项威胁及维护措施的作用下,能够在相对较长的一段时间内保持水量充沛、水质健康、水患减少、水活力良好的状态,即实现城市水系统内的威胁、维护保护能力和"水量-水质-水患-水活力"三方面的良性循环、稳定发展。

结合城市水系统的组成及其要素间的关系,城市水安全的内涵主要包含以下内容。

①城市水资源安全。城市一定范围内,面对城市蓄水压力和社会用水压力,在社会节水保护与管理的作用下,自然界储水量和社会供水量充足,综合形成良性发展的状态。

②城市水环境安全。城市一定范围内,面对自然及社会污水产生及排放风险,在社会排水工程建设和社会污水净化措施的作用下,自然水体水质污染状况及其耐污能力良好,综合形成良性发展的状态。

③城市水灾害安全。城市一定范围内,面对较不利的自然及社会孕灾环境,在社会防洪排涝工程设施建设和社会救援设施的作用下,洪涝灾害发生较少、对社会的破坏较小,综合形成良性发展的状态。

④城市水生态安全。城市一定范围内,面对河道不稳定或硬质化严重、人类的过度干扰等威胁,在社会水生环境保护与管理的作用下,动植物种类丰富、生物多样性较高、水生态稳定、河岸水景宜人,综合形成良性发展的状态。

3.2　城市水系统安全评价综合模型构建思路

结合城市水安全的概念分析,城市水安全评价涉及的内容很广,既包括自然性要素评价,又包括社会性要素评价,是对城市水系统的综合评价,是解决城市水安全问题、进行水系统生态修复工作的依据。城市水安全评价是通过衡量城市水系统内威胁的强度、维护治理能力大小以及水量、水质、水患、水活力的情况,来反映三者综合作用后达到的整体安全水平的方法。

城市水安全评价模型的总体思路主要分为各子系统评价范围确定、评价指标选择、评价方法、评价结果分析方法四个部分。

①分别确定城市水资源系统、水环境系统、水灾害系统以及水生态系统安全评价的研究范围。

②基于"压力-状态-响应"模型,结合城市水系统的组成要素及内部相关关系,参考国内外相关研究及指标数据的可获取性筛选评价指标,分别选取城市水资源、水环境、水灾害以及水生态系统各组成部分的代表性指标,构建评价指标体系。

③运用层次分析法确定指标权重。参考相关国家标准、文献和专家咨询法,确定评价标准。将指标数据分类,分别进行各项指标安全评价得分计算,并进行空间叠加,得到"城市水资源安全""城市水环境安全""城市水灾害安全"和"城市水生态安全"评价结果。以小流域为单元,进行安全等级面积占比统计,划分出"高、中、低、单项薄弱"小流域,为确定城市水系统生态修复空间布局划分提供依据。

④同样地,以小流域为分析单元,对评价结果展开分析。通过对城市水系统内各组成要素的威胁强度或维护治理能力大小所处的安全情况判断,以确定导致小流域处于低安全或单项薄弱类别的关键问题所在。并采用灰色关联度法,计算城市水系统内各组成要素所具备的威胁强度或维护治理能力大小对水量、水质、水患、水活力情况的干扰程度,明确影响"水量-水质-水患-水活力"的关键影响因素,为城市水系统生态修复的策略提出指明方向。

3.3　城市水系统安全评价范围确定

城市水系统安全评价的目的在于识别相对不安全地区的具体范围、关键问题所在及关键影响因素,据此提出城市水系统生态修复的策略。城市水系统生态修复是"城市双修"的重要组成部分,而"城市双修"的研究重心在于城市中心城区。因此,本书以城市的中心城区范围为城市水环境和水灾害的评价范围。

城市水资源一般立足于国家、省、市、县层面进行研究和统计,且城市中心城区内各地点的降雨情况差别不大,供水水源以及水厂供水能力等基本一致,因此其范围内各地点的水资源安全情况差别较小,仅在该范围内进行评价意义不大。故而,本书提出从市域层面分区县对城市水资源安全进行评价,能更准确、有效地分析,得到中心城区水资源安全情况,由此为中心城区提供更合适、可靠的修复策略。

另外,水生态关注的重点在于河湖水系及其驳岸带的基本情况,因此城市水生态安全以中心城区主要的河湖水系及其核心缓冲区为评价范围(廖静秋,2012)。

城市水安全各子系统评价范围确定示意图见图 3-1。

图 3-1　城市水安全各子系统评价范围确定示意图

3.4　城市水系统安全评价指标选取

"压力-状态-响应"(PSR)模型是目前应用最为广泛的生态环境评价指标体系构建方法,被应用于评价矿产资源安全、生物多样性、湿地减排绩效、生态承载力、城市韧性、生态环境敏感性、水库水源地安全、耕地资源可持续性等多个研究领域。该模型强调了人类社会运作与自然环境之间的联系,认为两者为统一的整体(李莹,2013)。结合本书对城市水系统的组成及因果关系研究,遵循科学性、代表性、数据可获得性等原则,构建基于"PSR"的城市水安全评价模型。

水量、水质、水患和水活力是城市水资源、水环境、水灾害和水生态系统的侧重点,也是系统安全状态的重要表征。在城市水安全评价中,"压力"是指自然本身或是人类活动对城市水量、水质、水患和水活力的胁迫,是"状态"产生的原因;"状态"是指某个时期城市水量、水质、水患和水活力在压力和响应共同作用下的表征,是做出适当"响应"的依据;"响应"是指人类社会应对城市水量、水质、水患和水活力危机的防御、削减及恢复能力,是应对"压力"和改善"状态"的手段。整个城市水系统在压力、状态、响应之间的耦合协调中,形成因果关系链,实现有序运转。城市水系统"压力-状态-响应"模型及因果关系链示意图见图 3-2。

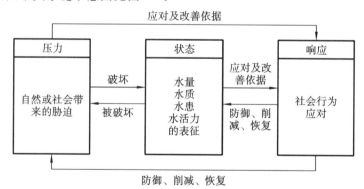

图 3-2　城市水系统"压力-状态-响应"模型及因果关系链示意图

3.4.1　城市水系统对于"压力-状态-响应"的界定

从城市水系统的各子系统的"状态"出发,结合对城市水系统的解析,对城市水系统"状态"进一步细化,完善各子系统"压力-状态-响应"因果关系链,见图 3-3。城市水量主要涉及自然界储水量和社会供水量两个方面,城市水质是指自然水质污染状况及其耐污能力,城市社会发展和受灾状况是衡量城市水患安全情况的核心,城市水活力主要包括自然水生动植物生存状况和社会水景两个方面。从因果关系角度思考,"压力"对应城市水系统的"威胁","响应"对应城市水系统的"维护治理能力"。

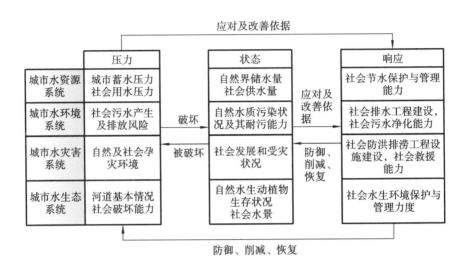

图 3-3　各子系统"压力-状态-响应"模型及因果关系链示意图

3.4.2　基于"压力-状态-响应"的城市水资源安全评价指标选取

通过上述各子系统对"压力-状态-响应"的界定,结合城市水系统组成部分之间的关系分析,选取最具代表性、数据易获得的指标为三级评价指标。

（1）城市水资源安全评价——"压力"指标选取

水资源压力是指能对城市水资源量产生冲击和威胁的因素,包括城市蓄水压力和社会用水压力两个层面。在自然蓄水压力层面,降雨是城市水涵养的先决条件,地质情况,尤其是水系沿岸土地稳固程度,代表了城市蕴含地表水的能力,植被的渗透性能较好地帮助补充地下水以及调节气候。分别选取多年平均降雨量、水土流失率、植被覆盖度来反映自然环境给城市水资源涵养情况带来的压力程度。

在社会用水压力层面,主要包括工业用水、生活用水、农业用水、环卫用水、消防用水等多个方面。基于数据的可获得性和各类用水量占比的情况,选取万元工业增加值用水量、人均居民生活用水量、亩均农业灌溉用水量和生态环境用水量比例为评价指标。

（2）城市水资源安全评价——"状态"指标选取

水资源状态是指某一段时期内,在城市各方压力的作用下,自然界储水量以及城市供水量所处的状态。在自然界储水量层面,从人地关系角度进行思考,选取产水模数和人均水资源量两项评价指标,排除地广人稀特殊情况的干扰。其中,产水模数指单位国土面积蕴藏水资源量。

在城市供水量层面,供应水源占比和管道建设情况直接关系到城市的水供应,其中供应水源包括地表水供应、地下水供应两种途径,地下水利用程度越高,反映了城市水资源量所处的状态越危急。因此,选取地下水利用程度、建成区给水管网密度作为评价指标。

(3)城市水资源安全评价——"响应"指标选取

水资源响应是指面对水资源短缺的实际情况,社会所具备的缓解问题的能力,包括社会节水保护能力及社会水量管理能力两个层面。从节水角度思考,选取公众节水普及率为评价指标。主要通过问卷调查的形式,评定、统计、计算节约意识和行动力强的人数与调查总人数之比得到。

社会水量管理能力主要涉及水利事务管理和水土流失管理两方面,水利工程建设和行政运行支出是水利事务支出重要组成部分之一,反映了城市在水资源供应方面所付出的人力、物力大小。水利事务支出占 GDP 比例越多,城市对解决水资源问题的重视程度越高。水土流失治理率是指水土流失治理面积与原水土流失面积之比,反映了城市应对水流失的治理力度、投入精力和重视情况。

"水资源安全评价"指标体系见表 3-1。

表 3-1　"水资源安全评价"指标体系

二级指标	指标组分类	三级指标	指标计算及说明	相关性	数据统计单元
B_1 压力	城市蓄水压力	C_1 多年平均降雨量	反映城市蕴含水资源的先天条件	正向	分区县
		C_2 水土流失率	反映城市地表水水资源流失的情况	负向	分区县
		C_3 植被覆盖度	反映蕴藏雨水,补充地下水的能力	正向	—

续表

二级指标	指标组分类	三级指标	指标计算及说明	相关性	数据统计单元
B_1 压力	社会用水压力	C_4 万元工业增加值用水量	反映城市各区工业用水情况	负向	分区县
		C_5 人均居民生活用水量	居民生活用水量/居民人数。反映城市各区生活用水情况	负向	分区县
		C_6 亩均农业灌溉用水量	农业灌溉用水量/耕地面积。反映城市各区农业用水情况	负向	分区县
		C_7 生态环境用水量比例	生态环境用水量/总用水量。反映城市各区生态环境用水情况	负向	分区县
B_2 状态	水量	C_8 产水模数	反映单位国土面积蕴藏的水资源量	正向	分区县
		C_9 人均水资源量	反映水资源平均到每个人的占有量	正向	分区县
		C_{10} 地下水利用程度	地下水资源量/地下水源供水量。反映城市地下水开发程度	负向	分区县
		C_{11} 建成区给水管网密度	给水管道长度/建设用地面积。反映区域供水的能力	正向	分区县
B_3 响应	社会管理	C_{12} 公众节水普及率	节约意识强和行动力强的人数/调查总人数。反映公众节水意识和行为水平	正向	分区县
		C_{13} 水利事务支出占GDP比例	反映城市各地区对解决水资源供应问题的重视程度	正向	分区县
		C_{14} 水土流失治理率	治理流失面积/流失面积。反映城市各地区管理单位对水资源流失问题的重视程度	正向	分区县

3.4.3　基于"压力-状态-响应"的城市水环境安全评价指标选取

（1）城市水环境安全评价——"压力"指标选取

水环境压力是指人类社会对城市自然水体造成污染的因素，主要包括城市生活污水和工业废水（水环境科学大辞典，1991）。因此，选取城镇生活污水排放强度、万元产值污水排放量为评价指标。另外，通过对评价范围内的土地利用性质进行划分，可划分为工业用地、生活用地和农业用地三类，其污水排放压力依次降低，能更精确地从空间上反映水环境压力的分布情况。

（2）城市水环境安全评价——"状态"指标选取

水环境状态是指面对各项水环境压力，水体本身的健康状况，包括污染情况和纳污能力两个方面。黑臭水体为重度污染水，是指因过量纳污、超出了水体水环境容量和自净能力而导致水色变黑、变臭的水体，是城市水环境安全治理重点关注的对象。Ⅳ类水属于轻度污染水，适用于一般工业用水区及人体非直接接触的娱乐用水区，不宜作为生活饮用水源和接触皮肤。Ⅴ类水属于中度污染水，不宜饮用，适用于农业用水及一般景观要求水域。因此，选取Ⅳ类以上水体占比来反映城市水污染的程度。另外，水系越丰富，其纳污能力就越强，选取水面率为评价指标之一。

（3）城市水环境安全评价——"响应"指标选取

水环境响应是指社会相关管理单位面对城市水污染问题，解决水污染问题的能力，主要包括排水工程建设、城市污水净化能力两个层面。在城市污水净化能力层面，绿地能够过滤、吸收、降解溶于雨水中的污染物质，达到净化水质的效果。同样，岸边和水中的水生植物也能转化、分解、吸收水中的污染物质，使水环境得到优化（杨栩，2012），故而选取植被覆盖度作为评价指标。另外，水污染防治支出占 GDP 比例是指相关管理单位用于城市水环境监督检查和污染治理的各项支出值占生产总值的比重。人们的生产行为会导致水污染的进一步加剧，其水污染防治支出占 GDP 的比例反映了城市环境保护单位面对生产行为带来的水污染，在污染治理方面的关注程度和治理力度。

在排水工程建设层面,污水管道是城市核心排水设施,从管网布局和管网属性两个角度思考,选取建成区污水管道密度和合流制管道占比为评价指标。污水管道分布密度越高,处理城市污水的能力就越强,产生水污染的可能性就越小。雨水、生活污水、工业废水用同一根管道输送到污水处理厂,雨水会被污水及废水二次污染,提高了污水处理厂的处理量和处理难度,增加了城市水污染产生的概率。

"水环境安全评价"指标体系见表3-2。

表3-2 "水环境安全评价"指标体系

二级指标	指标组分类	三级指标	指标计算及说明	相关性	数据统计单元
B₁压力	污水产生及排放风险	C₁ 城镇生活污水排放强度	城镇生活污水排放量/区域土地面积。反映生活污水带来的水污染冲击力	负向	城区行政区划
		C₂ 万元产值污水排放量	污水排放总量/GDP。反映产业污水带来的水污染冲击力及产业产值增长的清洁程度	负向	城区行政区划
		C₃ 土地利用情况	工业、农业、生活、生态空间的分布。反映污染冲击的强度分布情况	—	—
B₂状态	水质	C₄ 水面率	水面面积/流域面积。反映水体纳污能力	正向	小流域单元
		C₅ Ⅳ类以上水体占比	Ⅴ类、黑臭水体长度/河流总长度。反映城市水污染程度	负向	小流域单元

二级指标	指标组分类	三级指标	指标计算及说明	相关性	数据统计单元
B_3 响应	排水工程建设	C_6 建成区污水管道密度	污水管道总长度/城市建设用地面积。反映城市基础设施处理污水废水的能力	正向	小流域单元
		C_7 合流制管道占比	合流管长度/污水管道总长度。反映城市基础设施避免产生二次污染的能力	正向	小流域单元
	城市污水净化能力	C_8 植被覆盖度	反映城市自然环境净化雨水或河水污染的能力	正向	—
		C_9 水污染防治支出占 GDP 比例	反映城市环境保护单位对水污染治理的重视程度	正向	城区行政区划

3.4.4　基于"压力-状态-响应"的城市水灾害安全评价指标选取

（1）城市水灾害安全评价——"压力"指标选取

水灾害压力是指自然和社会孕育城市洪涝灾害的各项不利影响因素。在自然层面,主要涉及降雨、地形地貌两个方面。降雨所带来的风险包括总量风险和强度风险,总量风险反映了城市水分的接收程度,强度风险则表征城市水分接收的速度（刘登峰,2014）。选取多年平均降雨量和降雨强度来分别衡量水灾害的总量风险和强度风险。年平均降雨量越多,冲刷地表的频率越高,造成河道积淤以及地面渗水饱和的风险越高,城市发生洪涝灾害的概率越大。降雨强度是指在某一历时内的平均降雨量,是描述暴雨特征

的重要指标。通过历史天气查询平台,统计各区近 5 年来中雨、大雨、暴雨、雷阵雨、特大暴雨出现的天数,根据中雨、大雨、暴雨、雷阵雨、特大暴雨的降雨量范围取中值,计算降雨强度。地形地貌是地表外貌各种形态的总称,其中高程、坡度、植被覆盖度是与城市水灾害孕育相关的重要属性,作为水灾害自然压力的评价指标。地势较低的地方,发生洪涝的概率更大。坡度越陡峭,雨水冲刷土地的速度越快,土壤流失程度越严重,给坡下居民带来的冲击越大。植被覆盖度反映了区域地面的透水性,植被覆盖度越高,雨水吸收能力越强,灾害发生的概率就越低。

在社会层面,开发强度越高的地区,硬质化地面占比越大,城市居民面临的洪涝威胁压力越大,灾害受损潜力越大,因此选取建设用地面积为评价指标。

(2)城市水灾害安全评价——"状态"指标选取

水灾害状态是指面对强降雨或多雨时节,城市社会发展情况和灾害发生时期的受灾情况。人口越多的地区,灾时受难人群越多;地均 GDP 越大的地区,灾时物资损害越大。因此,选取人口密度和地均 GDP 为评价指标,来衡量灾害发生时城市或者地区将面临的损失和危害程度。从内涝和洪灾两个角度思考,选取内涝点分布占比和易发生洪水灾害区域两项指标,来显示洪涝灾害的严重程度。

(3)城市水灾害安全评价——"响应"指标选取

水灾害响应是指城市在受到洪涝灾害后的恢复能力,包括社会救援能力和防洪排涝工程设施建设能力两个层面。在社会救援能力层面,医疗资源越充足,灾后救助越有利。道路密度建设情况反映了城市或某一地区的交通通行能力,是重要的城市生命线工程,其密度越高,越有利于灾后对于居民的疏散。根据数据的可获取性,选取万人医疗卫生机构床位数和建成区路网密度为评价指标。

在防洪排涝工程设施建设能力层面,从防洪和排涝两个角度思考,雨水管网是城市最重要的排涝设施,选取建成区雨水管网密度来反映城市的排涝能力。防洪工程建设是水利事务支出的重要组成部分之一,选取水利事务支出占 GDP 比例为评价指标。

"水灾害安全评价"指标体系见表 3-3。

表 3-3　"水灾害安全评价"指标体系

二级指标	指标组分类	三级指标	指标计算及说明	相关性	数据统计单元
B_1 压力	基本孕灾环境	C_1 多年平均降雨量	反映城市水灾害的总量风险	负向	城区行政区划
		C_2 降雨强度	降雨量/降雨天数,反映城市水灾害的强度风险	负向	城区行政区划
		C_3 高程	反映洪水泛滥时各地区可能会受到的波及风险	负向	—
		C_4 坡度	反映洪水的流速及冲刷的强度	负向	—
		C_5 植被覆盖度	反映城市地面的渗水性	正向	小流域单元
		C_6 建设用地面积	反映城市的开发强度和地面的硬质化程度	负向	小流域单元
B_2 状态	水患	C_7 人口密度	研究区镇级行政区划单元与集水区域数据转化计算。反映在各项水灾害压力之下,区域人口发展所处的状态	负向	小流域单元
		C_8 地均 GDP	地区生产总值/区域土地面积。反映在各项水灾害压力之下,区域经济发展所处的状态	负向	城区行政区划
		C_9 内涝点分布占比	积水点数量/流域面积。反映区域发生内涝灾害的受灾程度	负向	小流域单元
		C_{10} 易发生洪水灾害区域	反映区域发生洪水灾害的受灾范围。越靠近河流,受到洪水破坏的强度就越大	正向	—

二级指标	指标组分类	三级指标	指标计算及说明	相关性	数据统计单元
B_3 响应	防洪排涝工程设施建设	C_{11} 建成区雨水管网密度	雨水管道长度/建设用地面积。反映区域排洪排水的能力	正向	小流域单元
		C_{12} 水利事务支出占 GDP 比例	反映城市对防洪工程建设的重视程度	正向	城区行政区划
	社会救援能力	C_{13} 建成区路网密度	反映城市生命线工程的建设情况,灾害发生后区域的疏散能力	正向	小流域单元
		C_{14} 万人医疗卫生机构床位数	各区医疗卫生机构床位数/各区人口,反映区域医疗资源服务水平和灾后救助能力	正向	城区行政区划

3.4.5 基于"压力-状态-响应"的城市水生态安全评价指标选取

(1)城市水生态安全评价——"压力"指标选取

水生态压力是指城市中会对驳岸、水生动植物以及其生存环境产生破坏作用的因素,包括社会破坏能力和河道基本情况两个层面。在社会破坏能力层面,水质情况是水生动植物生存的基础,水污染对于水生动植物的生存繁衍和生长发育都有着重要的影响。在河道基本情况层面,选取护岸形式、河床稳定性为水生态压力评价指标。护岸形式能够有效地反映驳岸带的硬质化程度,而河床稳定性反映了河床变形强度。人口密度能够反映河岸带人工干扰程度,人口密度越高的地区,亲水需求就越大,亲水行为就越多,人们的行为对岸线的破坏就越严重。因此,选取水质情况、人口密度为评价指标。

（2）城市水生态安全评价——"状态"指标选取

水生态状态是指在自然环境或社会的压力下，水生动植物的生存现状及水景吸引力。在水生动植物方面，针对水生植物和水生动物分别选取水岸带植被覆盖度、水生植物结构完整性和水生动物生存情况作为评价指标。在水景方面，从护岸、河床两个角度思考，选取生态景观公众满意度为评价指标，生态景观公众满意度反映了水系周边游憩功能及生态观赏价值大小。

（3）城市水生态安全评价——"响应"指标选取

水生态响应是指为促进驳岸及水生动植物健康、可持续发展，相关管理单位和居民所采取的行动。环保投资占 GDP 比例反映了环境保护单位对水生态环境的重视程度和优化治理力度。公众水生态保护意识情况是指公众的自律意识和保护行为。

"水生态安全评价"指标体系见表 3-4。

表 3-4　"水生态安全评价"指标体系

二级指标	指标组分类	三 级 指 标	指标计算及说明	相关性	数据统计单元
B_1 压力	社会破坏能力	C_1 水质情况	反映水生动植物的生存压力	正向	河段
		C_2 人口密度	反映居民对岸线的干扰及破坏强度	正向	小流域单元
	河道基本情况	C_3 护岸形式	反映驳岸带硬质化程度，以及被人工建设干扰或破坏的程度	正向	河段
		C_4 河床稳定性	反映河流泥沙运动强度、沙丘运动引起的河床变形强度	正向	河段

续表

二级指标	指标组分类	三级指标	指标计算及说明	相关性	数据统计单元
B_2 状态	水活力	C_5 水岸带植被覆盖度	反映驳岸带的生态情况	正向	—
		C_6 水生植物结构完整性	反映水生植物的多样性和层次性	正向	河段
		C_7 水生动物生存情况	反映水生动植物的数量、多样性和健康情况现状	正向	河段
		C_8 生态景观公众满意度	反映水系周边游憩功能及生态观赏价值大小	正向	小流域单元
B_3 响应	水生环境保护与管理力度	C_9 环保投资占 GDP 比例	环保投资额/GDP,反映面对生境破坏,环境保护单位对于水生态环境的重视程度和优化治理能力	正向	城区行政区划
		C_{10} 公众水生态保护意识情况	未有过破坏水生动植物行为或有过保护水岸环境卫生的行为人数/调查总人数。反映公众环境保护意识	正向	小流域单元

3.5　城市水系统安全评价方法

3.5.1　城市水安全评价各级指标权重计算方法

指标权重反映了各评价指标之间的相对重要性,评价指标权重的分配直接影响到综合评价的结果。确定指标权重的方法可分为主观赋权法和客观赋权法两类,主观赋权法主要是由专家、研究者根据自身经验、知识储备和个人喜好,主观判断而确定各项指标权重的一种方法,包括德尔菲法、层次分析法、环比评分法等。这类方法研究较早,也较为成熟,但缺乏一定的科学性和稳定性(吕洪德,2005),一般适用于数据收集困难和信息不能准确量化的评价。客观赋权法是利用数理统计的方法,对评价对象的指标值和标准值进行一系列计算分析,从而得到各项指标权重的一种方法,主要包括主成分分析法、熵权法、离差法、变异系数法、灰色关联度法和神经网络法等。其不依赖于人的主观判断,主要根据样本指标值本身的特点而确定,客观性较强。但是,该类方法需要统计和搜集多年的指标数据,且计算量庞大而复杂,同时其结果易受样本数据的影响。

(1) 赋权方法选择——层次分析法

目前,主观和客观赋权法中具有代表性、最常用的指标权重计算方法分别为层次分析法和熵值法(刘秋艳,2017)。由于本研究中选取的部分指标的多年数据较难获得和统计,同时熵值法是根据各项指标值的变异程度来确定指标权重的,这是一种客观赋权法,避免了人为因素带来的偏差,但由于忽略了指标本身重要程度,有时确定的指标权重会与预期的结果相差甚远。因此,本书采用层次分析法来确定各项指标的权重。

层次分析法(AHP)是一种通过系统化、层次化的思维来解决多目标复杂问题的决策分析方法。它可以实现定性向定量的转化,具备灵活性、便捷性、实用性等特征。应用层次分析法确定评价指标权重,就是在目标结构较为复杂且统计数据缺乏的情况下,通过比较同一层次各指标的相对重要性,把专家、学者的经验判断定量化,从而综合计算得到各层次指标的权重系数。

（2）判断矩阵构建

首先以问卷调查的形式，邀请水利局和环境保护局的工作者及高校水安全研究方面的专家按照1—9标度法对各层次两两指标的相对重要性进行打分，详细分析构造各层次的判断矩阵。判断矩阵是一个正交矩阵，左上至右下对角线位置上的元素为1，其两侧对称位置上的元素互为倒数，见表3-5。

表 3-5　判断矩阵

	C_1	C_2	C_3	C_4	C_5	C_6
C_1	$x_{11}=1$	x_{12}	x_{13}	x_{14}	x_{15}	x_{16}
C_2	$x_{21}=\dfrac{1}{x_{12}}$	$x_{22}=1$	x_{23}	x_{24}	x_{25}	x_{26}
C_3	$x_{31}=\dfrac{1}{x_{13}}$	$x_{32}=\dfrac{1}{x_{23}}$	$x_{33}=1$	x_{34}	x_{35}	x_{36}
C_4	$x_{41}=\dfrac{1}{x_{14}}$	$x_{42}=\dfrac{1}{x_{24}}$	$x_{43}=\dfrac{1}{x_{34}}$	$x_{44}=1$	x_{45}	x_{46}
C_5	$x_{51}=\dfrac{1}{x_{15}}$	$x_{52}=\dfrac{1}{x_{25}}$	$x_{53}=\dfrac{1}{x_{35}}$	$x_{54}=\dfrac{1}{x_{45}}$	$x_{55}=1$	x_{56}
C_6	$x_{61}=\dfrac{1}{x_{16}}$	$x_{62}=\dfrac{1}{x_{26}}$	$x_{63}=\dfrac{1}{x_{36}}$	$x_{64}=\dfrac{1}{x_{46}}$	$x_{65}=\dfrac{1}{x_{56}}$	$x_{66}=1$

（3）权重计算

判断矩阵每一行元素的乘积 $M_i=\prod_{j=1}^{n}x_{ij}$ ，其中，x_{ij} 表示第 i 行第 j 列的评价值，$i=1,2,\cdots,n$；$j=1,2,\cdots,n$。计算 M_i 的 n 次方根 $B_i=\sqrt[n]{M_i}$ 。对向量 $\boldsymbol{B}=(B_1,B_2,\cdots,B_n)$ 进行归一化处理，即计算出各个指标的权重 $w_i=B_i\big/\sum_{i=1}^{n}B_i$ 。

（4）一致性检验计算

计算判断矩阵的最大特征根的公式为

$$\lambda_{\max}=\frac{1}{n}\sum_{i=1}^{n}\frac{(Aw)_i}{w_i}$$

式中，$(Aw)_i = \sum_{i=1}^{n} x_{ij} \cdot w_n$，$(Aw)_1 = x_{11} \cdot w_1 + x_{12} \cdot w_2 + x_{13} \cdot w_3 + x_{14} \cdot w_4 + x_{15} \cdot w_5 + x_{16} \cdot w_6$，$(Aw)_2 = x_{21} \cdot w_1 + x_{22} \cdot w_2 + x_{23} \cdot w_3 + x_{24} \cdot w_4 + x_{25} \cdot w_5 + x_{26} \cdot w_6$，$(Aw)_3 = x_{31} \cdot w_1 + x_{32} \cdot w_2 + x_{33} \cdot w_3 + x_{34} \cdot w_4 + x_{35} \cdot w_5 + x_{36} \cdot w_6$，$(Aw)_4 = x_{41} \cdot w_1 + x_{42} \cdot w_2 + x_{43} \cdot w_3 + x_{44} \cdot w_4 + x_{45} \cdot w_5 + x_{46} \cdot w_6$，$(Aw)_5 = x_{51} \cdot w_1 + x_{52} \cdot w_2 + x_{53} \cdot w_3 + x_{54} \cdot w_4 + x_{55} \cdot w_5 + x_{56} \cdot w_6$，$(Aw)_6 = x_{61} \cdot w_1 + x_{62} \cdot w_2 + x_{63} \cdot w_3 + x_{64} \cdot w_4 + x_{65} \cdot w_5 + x_{66} \cdot w_6$。

引入判断矩阵的一致性指标 $CI = \dfrac{\lambda_{max} - n}{n-1}$。为了度量不同阶数判断矩阵是否具有满意的一致性，需引入判断矩阵的平均随机一致性指标 RI。随机一致性比率 $CR = CI/RI$，当 $CR < 0.10$ 时，即认为判断矩阵具有满意的一致性，否则需要调整判断矩阵，以使之具有满意的一致性（廖红强，2012）。1～15 阶判断矩阵的平均随机一致性指标 RI 值见表 3-6。

表 3-6　1～15 阶判断矩阵的平均随机一致性指标 RI 值

n	1	2	3	4	5	6	7	8	9	10	11	12	13	14	15
RI	0	0	0.52	0.89	1.12	1.26	1.36	1.41	1.46	1.49	1.52	1.54	1.56	1.58	1.59

3.5.2　城市水安全评价标准确定方法

目前，国内外尚无统一的城市水安全评价划分标准（胡敬涛，2016）。本书将城市水安全评价的指标标准分为"重度不安全、较不安全、临界安全、较安全、非常安全"5 个等级。各子系统的评价指标等级划分遵循以下原则：①优先选用和参考国家或国际标准、规范确定；②其次借鉴、参考国内外部分学者相关研究成果进行确定；③如果均无明确数据，则结合案例城市实际情况，通过专家咨询的方法来确定评价分级标准（褚克坚，2014）。

研究区水资源安全评价指标等级标准区间和划分依据见表 3-7。

研究区水环境安全评价指标等级标准区间和划分依据见表 3-8。

研究区水灾害安全评价指标等级标准区间和划分依据见表 3-9。

研究区水生态安全评价指标等级标准区间和划分依据见表 3-10。

表 3-7 研究区水资源安全评价指标等级标准区间和划分依据

指　标	指标取向	重度不安全	较不安全	临界安全	较安全	非常安全	划　分　依　据
C_1 多年平均降雨量/mm	+	<500	500~1000	1000~1500	1500~2000	>2000	国内外论文相关研究(李艳丽,2017)
C_2 水土流失率/(%)	−	>40	30~40	20~30	10~20	<10	国内外论文相关研究
C_3 植被覆盖度/(%)	+	<10	10~20	20~40	40~60	>60	国内外论文相关研究(李苗苗,2003)
C_4 万元工业增加值用水量/m^3	−	>50	40~50	30~40	20~30	<20	国内外论文相关研究(王若雁,2018)
C_5 人均居民生活用水量/L	−	>220	180~220	140~180	100~140	<100	国内外论文相关研究
C_6 亩均农业灌溉用水量/m^3	−	>900	800~900	600~800	500~600	<500	农业灌溉水质标准
C_7 生态环境用水量比例/(%)	−	>0.5	0.4~0.5	0.3~0.4	0.2~0.3	<0.2	专家咨询
C_8 产水模数/(10^4 m^3/km^2)	+	<10	10~50	50~90	90~120	>120	国内外相关研究(刘明光,2010)

续表

指　标	指标取向	重度不安全	较不安全	临界安全	较安全	非常安全	划 分 依 据
C_9 人均水资源量/m³	+	<1000	1000~2000	2000~3000	3000~4000	>4000	联合国教科文组织规定
C_{10} 地下水利用程度/(%)	-	>60	50~60	30~50	20~30	<20	地下水利用"十二五"计划规定
C_{11} 建成区给水管网密度	+	<2	2~3	3~5	6~7	>7	国内外论文相关研究（田涛，2019）
C_{12} 公众节水普及率/(%)	+	<20	20~40	40~60	60~80	80~100	国内外论文相关研究
C_{13} 水利事务支出占GDP比例/(%)	+	<0.20	0.20~0.50	0.50~0.80	0.80~1.0	>1.0	国内外论文相关研究（孙雅茹，2019）
C_{14} 水土流失治理率/(%)	+	<50	50~60	60~70	70~80	80~100	国内外论文相关研究（吴开亚，2008）

表 3-8　研究区水环境安全评价指标等级标准区间和划分依据

指　　标	指标取向	重度不安全	较不安全	临界安全	较安全	非常安全	划　分　依　据
C_1 城镇生活污水排放强度/（立方米/公顷）	—	>2000	1500~2000	1000~1500	500~1000	<500	专家咨询
C_2 万元产值污水排放量/（吨/万元）	—	>16	13~16	10~13	7~10	<7	国内外论文相关研究（王超亚，2016）
C_3 土地利用情况	—	工业生产用地	生活用地	农业用地	—	生态用地	专家咨询
C_4 水面率/（%）	+	<5	5~10	10~15	15~20	>20	国内外论文相关研究
C_5 Ⅳ类以上水体占比/（%）	—	>25	15~25	7.5~15	2.5~7.5	0~2.5	国内外论文相关研究（刘梦，2016）
C_6 建成区水污染管道密度/（千米/平方千米）	+	<2	2~3	3~5	6~7	>7	国内外论文相关研究
C_7 合流制管道占比/（%）	—	>40	30~40	20~30	10~20	<10	专家咨询
C_8 植被覆盖度/（%）	+	<10	10~20	20~40	40~60	>60	国内外论文相关研究
C_9 水污染防治支出占 GDP 比例/（%）	+	<0.1	0.1~0.3	0.3~0.5	0.5~0.7	>0.7	国内外论文相关研究（刘传旺，2015）

表3-9 研究区水灾害安全评价指标等级标准区间和划分依据

指 标	指标取向	重度不安全	较不安全	临界安全	较安全	非常安全	划 分 依 据
C_1 多年平均降雨量/mm	—	>2200	1800~2200	1400~1800	1000~1400	<1000	国内外论文相关研究
C_2 降雨强度/(mm/d)	—	>13	12~13	11~12	10~11	9~10	国内外论文相关研究
C_3 高程/m	+	<50	50~70	70~130	130~180	>180	专家咨询
C_4 坡度/(°)	—	>35	25~35	15~25	5~15	<5	《水土保持综合治理规划通则》(GB/T 15772—2008)
C_5 植被覆盖度/(%)	+	<10	10~20	20~40	40~60	>60	国内外论文相关研究
C_6 建设用地面积/公顷	—	>2500	2000~2500	1000~2000	500~1000	<500	专家咨询
C_7 人口密度/(人/平方千米)	—	>7000	5000~7000	3000~5000	1000~3000	<1000	国内外论文相关研究
C_8 地均GDP/(万元/平方千米)	—	>600	400~600	300~400	100~300	<100	国内外论文相关研究
C_9 内涝点分布占比/(处/平方千米)	—	>0.5	0.4~0.5	0.3~0.4	0.2~0.3	<0.2	专家咨询

续表

指　标	指标取向	重度不安全	较不安全	临界安全	较安全	非常安全	划　分　依　据
C_{10} 易发生洪灾害区域	重要河流	+	<200	200~500	500~1000	1000~1500	>1500	国内外论文相关研究（田坤，2015）
	一般河流	+	<100	100~200	200~300	300~500	>500	国内外论文相关研究（褚艳玲，2017）
	水库或湖泊水域面积 1~50 km²	+	<50	50~100	100~150	150~200	>200	国内外论文相关研究
	水库或湖泊水域面积 50~200 km²	+	<300	300~400	400~500	500~600	>600	国内外论文相关研究（李辉，2012）
	水库或湖泊水域面积>200 km²	+	<500	500~600	600~700	700~800	>800	国内外论文相关研究
C_{11} 建成区雨水管网密度/（千米/平方千米）		+	<1	1~3	3~5	5~7	>7	国内外论文相关研究
C_{12} 水利事务支出占 GDP 比例/（%）		+	<0.20	0.20~0.50	0.50~0.80	0.80~1.0	>1.0	国内外论文相关研究
C_{13} 建成区路网密度/（千米/平方千米）		+	<3	3~5	5~7	7~9	>9	国内外论文相关研究（谢云霞，2012）
C_{14} 万人医疗卫生机构床位数/（张/万人）		+	<40	40~50	50~60	60~70	>70	全国医疗卫生服务体系规划纲要（2015—2020 年）

表 3-10　研究区水生态安全评价指标等级标准区间和划分依据

指　标	指标取向	重度不安全	较不安全	临界安全	较安全	非常安全	划　分　依　据
C_1 水质情况	＋	劣 V 类及黑臭水体	V 类水质	III 或 IV 类水质	II 类水质	I 类水质	《中华人民共和国地表水环境质量标准》（GB 3838—2002）
C_2 人口密度/（人/平方千米）	－	＞7000	5000～7000	3000～5000	1000～3000	＜1000	国内外论文相关研究
C_3 护岸形式	－	直立式远水钢筋混凝土护岸	简单人工护岸或浆砌块石护岸	游憩亲水平台护岸或少植被的土质护岸	近自然的斜坡式生态护岸	优质人工生态护岸或原生态自然土质护岸	国内外论文相关研究
C_4 河床稳定性	－	河床严重退化或淤积,河床极不稳定	—	河床淤积,河床较不稳定	—	无明显的河床侵蚀或淤积,河床稳定	国内外论文相关研究
C_5 水岸带植被覆盖度/（%）	＋	＜15	15～30	30～45	45～60	＞60	国内外论文相关研究

续表

指　　标	指标取向	重度不安全	较不安全	临界安全	较安全	非常安全	划分依据
C_6 水生植物结构完整性	+	基本无植被（无结构或一个层次），植被种类0~1种	有一定的次序和结构（2个层次），植被种类2~3种			结构层次完整、有序（3个层次），植被种类4种及以上	国内外论文相关研究
C_7 水生动物生存情况	+	基本没有鱼类等水生动物	品种较少，数量较少		—	品种丰富，数量较多	专家咨询
C_8 生态景观公众满意度	+	<35	35~50	50~65	65~80	>80	国内外论文相关研究
C_9 环保投资占GDP比例/(%)	+	<0.7	0.7~1.2	1.2~1.7	1.7~2.2	>2.2	《国家环境保护模范城市考核指标及其实施细则（第六阶段）》
C_{10} 公众水生态保护意识情况/(%)	+	<50	50~60	60~70	70~85	>85	国内外论文相关研究（汪嘉杨，2013）

3.5.3　城市水安全综合评价方法

城市水安全综合评价方法分为研究指标数据分类、30 m 精度网状栅格数据及定性指标数据安全评价得分计算、区域定量数据安全评价得分计算、绘制水安全综合评价空间分析图、小流域安全风险等级分类五个部分。最终,生成单因子安全评价空间分布图、"压力-状态-响应"安全评价空间分析图和各子系统安全评价空间分析图,并确定高、中、低、单项薄弱小流域,为城市水系统生态修复的空间布局划分提供依据。

(1)研究指标数据分类

分析上节所确定的各子系统的安全评价三级指标,可划分为定量指标和定性指标两类。其中,本研究含有的定量指标数据包括来自遥感卫星图解译的 30 m×30 m 网格状栅格数据和来自统计年鉴、资料收集、现场调研的区域定量数据两类。

(2)30 m 精度网状栅格数据及定性指标数据安全评价得分计算

网格状栅格数据具有较强的空间信息附带属性,但栅格数量过多且每个栅格的数据各不相同,难以对各个栅格进行复杂的数据计算。因此,本研究对于遥感卫星图解译得到的网格状栅格数据和定性指标数据,采用矩形分布函数来进行单因子评价赋值(刘云斌,2004),得到单因子安全评价得分,以保障其附带的丰富空间数据,其示意图见图 3-4。

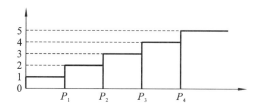

图 3-4　矩形函数分布图

(注:P_k 为指标等级标准区间的上限或下限,$k=1,2,\cdots,n$)

(3)区域定量数据安全评价得分计算

区域定量指标数据则采用模糊集合论中三角隶属函数进行计算,隶属度与隶属函数是模糊集合论中最重要的概念。确定各个指标值的相对隶属度,能够细化评价分区,使隶属度函数在各等级平缓过渡(杨敏,2004),进而获得更加深入、客观、准确的评价得分,能更有效地反映各区域之间的安全

得分差距。

①建立评价集。

建立区域定量指标评价集,评价集是指对评价对象所做的评语集合。

按照划定的指标等级标准区间,建立评价集 $V_{ij} = \begin{bmatrix} V_{11} & \cdots & V_{15} \\ \vdots & & \vdots \\ V_{n1} & \cdots & V_{n5} \end{bmatrix}$,$V_{ij}$ 为第

i 个指标第 j 个安全级别的相对隶属度($i=1,2,\cdots,n;j=1,2,3,4,5$),其中 $j=1,2,3,4,5$ 分别表示"重度不安全,较不安全,临界安全,较安全,非常安全"5 个等级。

②计算相对隶属度。

根据指标各等级标准区间的上下限值(P_k 与 P_{k+1},$k=1,2,\cdots,n$),取每级的中间值(即指标等级标准值)对应的隶属度为 1。本研究采用三角形隶属函数(图 3-5)对各区域定量指标值进行计算,确定其属于相邻等级的程度。

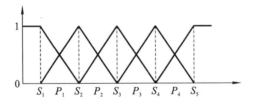

图 3-5　三角隶属函数分布图

当 C_i 为正向指标时,计算公式为:

$$V_{ij} = \begin{cases} (1,0,0,0,0) & X_i \leqslant S_1 \\ \left(\dfrac{S_2 - X_i}{S_2 - S_1}, \dfrac{X_i - S_1}{S_2 - S_1}, 0, 0, 0 \right) & S_1 < X_i \leqslant S_2 \\ \left(0, \dfrac{S_3 - X_i}{S_3 - S_2}, \dfrac{X_i - S_2}{S_3 - S_2}, 0, 0 \right) & S_2 < X_i \leqslant S_3 \\ \left(0, 0, \dfrac{S_4 - X_i}{S_4 - S_3}, \dfrac{X_i - S_3}{S_4 - S_3}, 0 \right) & S_3 < X_i \leqslant S_4 \\ \left(0, 0, 0, \dfrac{S_5 - X_i}{S_5 - S_4}, \dfrac{X_i - S_4}{S_5 - S_4} \right) & S_4 < X_i \leqslant S_5 \\ (0,0,0,0,1) & X_i \geqslant S_5 \end{cases} \quad (3\text{-}1)$$

当 C_i 为负向指标时,计算公式为:

$$V_{ij} = \begin{cases} (1,0,0,0,0) & X_i \leqslant S_1 \\ \left(\dfrac{X_i - S_2}{S_1 - S_2}, \dfrac{S_1 - X_i}{S_1 - S_2}, 0, 0, 0\right) & S_1 < X_i \leqslant S_2 \\ \left(0, \dfrac{X_i - S_3}{S_2 - S_3}, \dfrac{S_2 - X_i}{S_2 - S_3}, 0, 0\right) & S_2 < X_i \leqslant S_3 \\ \left(0, 0, \dfrac{X_i - S_4}{S_3 - S_4}, \dfrac{S_3 - X_i}{S_3 - S_4}, 0\right) & S_3 < X_i \leqslant S_4 \\ \left(0, 0, 0, \dfrac{X_i - S_5}{S_4 - S_5}, \dfrac{S_5 - X_i}{S_4 - S_5}\right) & S_4 < X_i \leqslant S_5 \\ (0,0,0,0,1) & X_i \geqslant S_5 \end{cases} \tag{3-2}$$

式中,X_i 为第 i 项指标的原始指标值,$S_j(j=1,2,3,4,5)$ 为指标等级标准值。

③计算安全评价得分。

区域定量指标得到隶属度矩阵后,分别计算相应的安全评价得分,计算公式为:

$$H_{C_i} = V_{ij} \cdot T_j \tag{3-3}$$

式中,H_{C_i} 为第 i 个指标的安全评价得分,$T_j = 1,2,3,4,5$ 为第 j 个安全等级的赋值,分别代表"重度不安全,较不安全,临界安全,较安全,非常安全"。

(4)绘制水安全综合评价空间分析图

基于 GIS 平台,建立 $30 \text{ m} \times 30 \text{ m}$ 的网格,绘制所有单因子安全评价空间分析图。采用"栅格计算器"工具,进行叠加分析,计算各网格的压力、状态、响应、综合水安全评价得分。"压力、状态、响应"水安全评价得分计算公式为:

$$H_{Bl} = \sum_{i=1}^{n} W_i \cdot H_{C_i} \tag{3-4}$$

式中,H_{Bl} 为压力、状态或响应指标的等级评价得分,$l=$ 压力、状态、响应;W_i 为第 i 个单因素指标的权重系数。各子系统的综合水安全评价得分公式为:

$$Q = \sum_{l=1}^{n} W_l \cdot H_{Bl} \tag{3-5}$$

式中,W_l 为压力、状态或响应指标的权重系数,$l=$ 压力、状态、响应。

采用自然间断点分级法,分别对压力、状态、响应和各子系统的综合评价结果进行等级划分,得到相应的安全评价空间分析图。自然断点法是根据数据本身固有的相似性和差异性的特点进行的区间划分,同一个区间内的数据的相似性最大,差异性最小,而不同区间之间的数据的相似性相对最小,差异性相对最大。采用自然断点法来划分安全等级,能够较好地反映区间和区间之间的相对差距,从而有效地划分处于"重度不安全,较不安全,临界安全,较安全,非常安全"等级的地区。

(5)小流域安全风险等级分类

以小流域为单元,统计各安全等级面积占比情况,确定"高、中、低、单项薄弱"小流域。划分原则为:分子系统,通过统计各小流域"压力、状态、响应"指标的各等级地区占比,安全情况远差于其他单元的分别确定高压力(GYL)、低状态(DZT)、低响应(DXY)小流域。另外,对各小流域单元综合评价的各等级地区占比进行统计,同样,安全情况明显低于其他单元的确定为低安全小流域。排除低安全小流域,其余 GYL、DZT、DXY 小流域为单项薄弱小流域。排除单项薄弱小流域,较安全和非常安全等级占比远高其他单元的小流域为高安全小流域,剩余单元为中安全小流域。

3.6　城市水系统安全评价结果分析方法

3.6.1　城市水安全关键问题诊断

城市水安全关键问题诊断的研究对象是城市低安全及单项薄弱的小流域单元。城市水系统内的威胁和维护治理能力是"水量、水质、水患、水活力"产生问题的影响因素。城市水安全是水量、水质、水患、水活力在各项威胁及维护措施的作用下,能够在相对较长的一段时间内保持水量充沛、水质健康、水患减少、水活力良好的状态。

通过对城市水系统内各组成要素的威胁强度或维护治理能力所处的安全情况判断,即"压力"或"响应"的安全情况,以确定导致小流域处于低安全或单项薄弱类别的关键问题所在。具体步骤如下。

①影响因素指标组及其细分沿袭水资源、水环境、水灾害、水生态安全评价指标体系表中的分类。

②基于此,绘制各子系统低安全及单项薄弱小流域问题诊断表。在城市水安全评价的定量指标数据中,存在以区县和栅格为评价单元的指标数据,因此,需进行数据转化处理,将区县、栅格安全评价得分数据转化为小流域安全评价得分。依据面积占比进行小流域单元三级指标安全评价得分估算,栅格数据指标的计算公式为:

$$W_{C_{i\text{栅格平均}}} = \sum\nolimits_{i=1}^{n} Z_{j\text{区域}} \cdot W_{C_{ij}} \tag{3-6}$$

式中,$Z_{j\text{区域}}$ 为 j 安全等级地区面积占比,$W_{C_{ij}}$ 为第 i 项三级指标 j 安全等级赋分。区县数据指标的计算公式为:

$$W_{C_{i\text{区县平均}}} = \sum\nolimits_{i=1}^{n} Z_{p\text{区县}} \cdot W_{C_{ip}} \tag{3-7}$$

式中,$Z_{p\text{区县}}$ 为 p 区县的面积占比,$W_{C_{ip}}$ 为第 i 项三级指标 p 区县的安全评价得分。

③在某个指标组内,小流域单元的三级指标安全得分小于临界标准值的指标数量过半,将其确定为该小流域关键问题所在,即低安全及单项薄弱小流域修复的重点领域。

3.6.2　城市"水量-水质-水患-水活力"关键影响因素识别

通过对"水量-水质-水患-水活力"安全水平关键影响因素的识别,来进一步补充低安全及单项薄弱小流域重点修复领域,以此确定中、高安全小流域需适当优化升级和维护保障的方向。

城市水系统通过降低压力、加强响应,能有效促进其状态的提升,三者的同步优化,最终有利于实现城市水系统的安全水平升级。城市水系统生态修复的核心目的是提升水量、改善水质、减少水患和激发水活力。在压力和响应方面涉及的指标是状态的影响因素,通过对于"水量-水质-水患-水活力"安全水平关键影响因素识别,能为小流域单元找到高效的优化方向。

采用灰色关联度分析法来进行关键影响因素的识别。灰色关联度分析法是根据事物或因素之间发展趋势的相似或相异程度,来衡量两者之间关联程度的一种方法。首先,确定影响因素指标组及其细分。其次,采用平均值法计算各小流域"状态"指标安全评价得分,公式为:

$$W_{B_{i\text{平均}}} = \sum\nolimits_{i=1}^{n} Z_{j\text{区域}} \cdot \overline{W}_{B_{ij}} \tag{3-8}$$

式中,$Z_{j区域}$为j安全等级地区面积占比,$\overline{W}_{Bij}$为"状态"指标j安全等级评价得分中值。最后,分系统计算各三级指标以及各影响因素指标组与"水量-水质-水患-水活力"的关联度。主要包括以下5个步骤。

第一步,确定参考数列及比较数列。分四大子系统,分别设"水量""水质""水患""水活力"安全得分(即"状态"指标得分)为参考数列,$Y_c = \{Y_c(t) \mid t = 1, 2, \cdots, n\}$。相应的影响因素——"压力"和"响应"的三级指标值为比较数列,$Y_b = \{Y_b(t) \mid t = 1, 2, \cdots, n\}$,$n$为第$b$项指标的数量,绘制数据统计表。

第二步,变量的无量纲化。常用的无量纲化方法有均值化法、初值化法等,根据本书数据情况,选用均值化法。无量纲化的参考数列和比较数列分别为 $y_c(t) = \dfrac{Y_c(t)}{\dfrac{1}{n}\sum_{t=1}^{n} Y_c(t)}$ 和 $y_b(t) = \dfrac{Y_b(t)}{\dfrac{1}{n}\sum_{t=1}^{n} Y_b(t)}$ 。

第三步,计算关联系数。$y_b(t)$与$y_c(t)$的关联系数计算公式为:

$$\varepsilon(t) = \frac{\displaystyle\min_b \min_t \mid y_c(t) - y_b(t) \mid + \sigma \max_b \max_t \mid y_c(t) - y_b(t) \mid}{\mid y_c(t) - y_b(t) \mid + \sigma \max_b \max_t \mid y_c(t) - y_b(t) \mid}$$

式中,σ是分辨系数,其取值区间是[0,1],一般定为 0.5。

第四步,计算关联度。$y_b(t)$ 与 $y_c(t)$ 的关联度计算公式为 $r_b = \dfrac{1}{n}\sum_{t=1}^{n}\varepsilon(t), t = 1, 2, \cdots, n$。第$b$项指标的关联度$r$值越大,说明该项指标对"水量""水质""水患"或"水活力"的影响就越大。另外,各指标组的关联度为该项指标组内各指标的关联度加权平均值。

第五步,关联度排序。关联度最大的影响因素指标组为城市"水量-水质-水患-水活力"关键影响因素。

3.7　城市水系统安全评价模型构建要点

本章在对城市水系统安全概念解析的基础上,分别从水系统各子系统评价范围确定、评价指标选择、综合评价方法、评价结果分析方法四个方面探讨了基于"压力-状态-响应"的城市水安全评价模型的构建。得到以下几点结论。

①在评价范围方面,确定从中心城区层面对城市水环境和水灾害系统进行评价,从市域层面分区县对水资源系统进行评价,从中心城区的水系及其核心缓冲区层面对水生态系统展开评价。

②在评价指标选择方面,基于 PSR 模型,紧密结合城市水系统的组成及内部因果关系,其中"压力"对应城市水系统的"威胁","响应"对应城市水系统的"维护治理能力","状态"对应城市水系统的"水量、水质、水患、水活力"。依托上述指标组及其细分,参考国内外相关研究及指标数据的可获取性筛选评价指标,分城市水资源、水环境、水灾害以及水生态四大系统构建评价指标体系。

③在综合评价方法方面,分指标权重计算方法、评价标准确定方法、综合评价方法三步走。可获取单因子安全评价空间分布图、"压力-状态-响应"安全评价空间分析图和各子系统综合安全评价空间分析图,并明确高、中、低、单项薄弱小流域,为城市水系统生态修复的空间布局划分提供依据。

④在评价结果分析方法方面,以小流域为分析单元,对评价结果展开分析,分为城市水安全关键问题诊断、城市"水量-水质-水患-水活力"关键影响因素识别两个部分。通过对城市水系统内"压力"和"响应"的安全情况判断,来分析导致小流域处于低安全或单项薄弱类别的关键问题所在。通过对城市水系统内"压力"和"响应"相关的影响因素指标组分别与水量、水质、水患、水活力安全情况的关联度分析,确定影响"水量-水质-水患-水活力"的关键因素。

第4章　城市水系统安全评价实证分析

基于"压力-状态-响应"构建的城市水系统安全评价模型,本章以典型的河湖水系丰富、水系统安全问题突出的湖北省襄阳市为例进行实证分析,分别从区域、流域、城市中心区等空间尺度,旨在探讨襄阳市城市水资源安全、水环境安全、水灾害安全和水生态安全问题,同时也是对城市水系统安全模型的实证应用。

4.1　襄阳城市发展概况

4.1.1　襄阳城市地理区位及自然水文概况

（1）地理区位

襄阳市位于湖北省西北部(图 4-1),毗邻豫、渝、陕地区,地处汉江中游,东经 110°45′～113°43′,北纬 31°14′～32°37′。东西两端相距 220 km,南北两端相距 154 km,边界线长 1332.8 km。地势西高东低,由西北向东南倾斜,汉江从市域中部穿流而过。襄阳下辖三县三市三区,市域面积 19700 km²,其中襄阳市中心城区位于市域中北部,处于汉江、唐白河、小清河交汇处,城区东西宽约 21 km,南北长约 29 km(图 4-2)。

图 4-1　襄阳市在湖北省的地理位置图　　图 4-2　市区及中心城区在襄阳市的位置

（资料来源:《襄阳市城市绿地系统规划(2013—2020)》）

未来湖北省域将逐步建成以"一主引领、两翼驱动、全域协同"的发展格局,即以武汉城市圈为核心、以三个大都市区(武汉都市区、襄阳都市区、宜昌都市区)为支撑、以连接都市区间的城市发展轴为纽带、大中小城镇协调、特色分明的城镇空间发展格局。襄阳市位于两条城市发展轴的交汇处,是重要的发展节点(图 4-3)。襄阳是两个省域副中心城市之一,逐步成为区域性经济中心城市,推动以襄阳为中心的经济圈(襄阳、十堰、随州)建设。襄阳毗邻神农架林区和丹江口水库,市域范围内有隆中风景区、襄阳古城等重要的人文、自然资源,是湖北省区域生态建设、水系治理和历史文化遗产保护的重要战略支撑点。

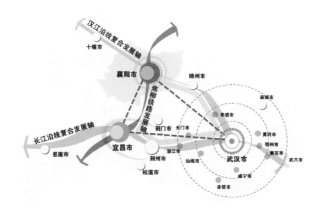

图 4-3　襄阳市区位分析图

襄阳是鄂西北地带向腹地梯度推移的过渡地区,自古为汉水流域重要物资集散地、鄂西北商业重镇,承担着鄂西北地区的区域中心作用。在鄂西北各市(县)中,襄阳市的经济实力首屈一指,城市规模也略胜一筹。随着国家重要交通设施的建成,襄阳已经发展成为鄂西北重要的交通枢纽、旅游门户和集散中心,具有建设中心城市的良好基础与有利条件。襄阳中心城市的功能定位是鄂西北中西部地区的交通枢纽、商贸金融中心、旅游中心、科教文化中心和现代工业基地。

(2)地形地貌

襄阳市处于我国地势第二阶梯向第三阶梯过渡地带,秦巴山系和大别山之间,地势自西北向东南倾斜,分为西部山地、中部岗地平原和东部低山

丘陵三个地形区。市域西部山地海拔多在 400 m 以上,全市最高山峰(官山)位于保康县境,海拔 2000 m,为汉江与长江的分水岭;中部岗地平原包括"鄂北"岗地和汉江河谷平原;东部低山丘陵为大洪山的余脉及延伸地区。

(3)气候特征

襄阳市属北亚热带季风气候,冬寒夏暑,冬干夏雨,雨热同期,四季分明。全年以南风为主导风向,风频为 14%;年平均降雨量 800～1000 mm,最大年降雨量 1234 mm(1954 年);除高山以外,年平均气温一般在 15～16 ℃,极端最高气温 42.5 ℃,极端最低气温－21 ℃,无霜期为 228～249 天,具有较明显的过渡性,兼备南北气候的特点。

(4)水文特征

襄阳市域范围水系均属长江流域,包括汉江和沮漳河两大水系。汉江为襄阳市域最大河流,经老河口市、谷城县、横穿襄阳市区,纵贯宜城市,在襄阳市境内流长 195 km,流域面积 17357.6 km²,约占全市总面积的 88%。

襄阳市水资源丰富,全市多年平均水资源总量为 490.15 亿 m³,其中过境水量 429.29 亿 m³,本地水资源 60.86 亿 m³。襄阳市有大小河流 649 条,其中流域面积大于 100 km² 以上的 50 条。全市共有水库 1036 座,其中大型水库 9 座,中型水库有 57 座,小(一)型水库 176 座,小(二)型水库 794 座,堰塘 88000 余口。总库容 37.78 亿 m³,正常蓄水量 23.68 亿 m³。地下水资源丰富,总量达到 190 亿 m³,水质较好。

襄阳市中心城区水系纵横,分布较为均衡。核心水系有九条,包括汉江、唐白河、小清河、南渠(包括护城河)、七里河、连山沟、浩然河、滚河和淳河,简称"襄阳九水"(图 4-4)。另外,有沟渠 12 条、水库 15 座、河流 4 条。

4.1.2 襄阳城市建设概况

(1)城市性质

根据国务院批复的《襄阳市城市总体规划(2011—2020 年)》,襄阳市的城市性质为:国家历史文化名城、我国中部地区的交通枢纽之一,湖北省以汽车产业为主的新型工业基地和省域副中心城市。按照规划,襄阳市的城市发展目标为:协调发展的区域中心、安全生态的宜居家园、活力高效的工业新城及开拓创新的文化名城。

图 4-4　襄阳市中心城区主要水系分布图

（2）城市发展历程

襄阳市是荆楚重镇，汉沔明珠，因地处襄水（南渠）之阳而得名。襄城、樊城双城夹江而立，地枕水陆之冲，有着得天独厚的地理区位，"上通关陇，下连吴会，北接宛洛，南达滇黔"，自古便享有"七省通衢"的美誉。夏禹铸九州，襄阳市即在其中。自汉初建县，三国曹魏设襄阳郡以后，襄阳一直是历代州、郡、道、府、路治所。1949 年以后，襄城、樊城两城合二为一称襄樊市，分设襄城、樊城两区。1986 年 12 月被国务院批准为全国历史文化名城，1996 年 7 月经国家建设部公布为全国大型城市。2010 年 12 月 9 日，襄樊市正式更名为襄阳市。纵观襄阳市 2800 多年的历史，依托汉江水道，"逐水而贸易"的津渡商埠和北拒强敌的军事戍所一直是襄阳城市发展的两大主题。

襄阳城西南有万山、楚山、岘山等十余座山峰，共同构成了襄阳城西南外围的天然屏障，此外还有汉江环绕，东南方向有鹿门山，西边有隆中山，这些要素也为襄阳城市提供了良好的人文氛围和自然基础。襄水和汉江是襄阳独特的水体要素。新中国成立前襄阳市城市格局较小，一直是背山面水的基本格局,新中国成立后特别是改革开放以来,襄阳市的城市建设用地不断扩张,城市格局逐渐呈现扩大之势(图 4-5)。

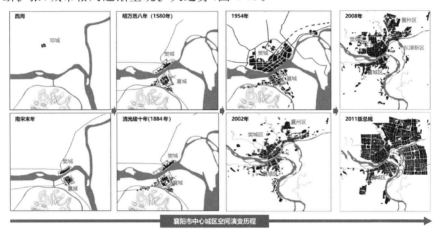

图 4-5　襄阳市中心城区空间演变过程示意图

（3）行政区划

襄阳市总面积 19700 km^2,2010 年城市建成区面积约 108 km^2。市区包括襄城、樊城、襄州三个行政区,以及襄阳高新技术产业开发区(国家级)、襄阳经济技术开发区(国家级)和省级鱼梁洲经济技术开发区三个开发区,枣阳市、老河口市、宜城市三个县级市及南漳、保康、谷城三县(图 4-6)。

图 4-6　襄阳市行政区划及中心城区范围

（4）人口及经济状况

根据 2018 年襄阳市统计年鉴，2017 年年末襄阳市总人口 592.0 万人，农业人口 309.8 万人，历年来呈递增趋势。其中，市区襄州、樊城、襄城分别为 99.64 万人、80.74 万人、46.12 万人。生产总值达 2502.0 亿元，其中，第一、二、三产业分别为 357.2 亿元、1428.1 亿元、716.7 亿元。襄城、樊城、襄州地区生产总值分别达 358.8 亿元、580.6 亿元、648.71 亿元。

4.1.3　襄阳城市生态保护与建设概况

（1）山水格局：南山北丘，六廊一洲

襄阳周边山水资源丰富，自然要素有汉江、南渠、岘山、鹿门山、隆中山、鱼梁洲等，形成了"南山北丘、六廊一洲"的自然山水格局。其中，南山北丘是指城市外围的山体、丘陵、林地等绿色保护圈；六廊是指沿汉江向西和向南、唐白河、小清河、七里河、南渠；一洲是指鱼梁洲（图 4-7）。

图 4-7　襄阳中心城区山水特征图

随着城市的不断发展，城市人口急剧增长，城市建设用地也快速扩张，城市内河水系水质下降，部分河流甚至被填埋，生活垃圾遍地，城市生态环境破坏严重。南部岘山及隆中风景区分布有大量的采石场和二、三类工业用地，不仅对岘山和隆中风景区的山体造成了严重的破坏，也对周围的水体和生物多样性带来了严重影响。位于襄州区的工业园对北部低丘垄岗和水系造成较严重污染,黑臭水体问题突出。据统计,沿汉江、唐白河及小清河两侧500 m范围内的建设用地中,居住用地和工业用地占比70%以上,绿化及广场用地仅为5%。鱼梁洲西部分布大量的建设用地,以居住用地和工业用地为主。居住用地以二类居住用地和三类居住用地为主,三类居住用地主要包括建筑质量较差、建筑密度较高的城中村、棚户区用地;工业用地以二类工业用地为主(图4-8)。

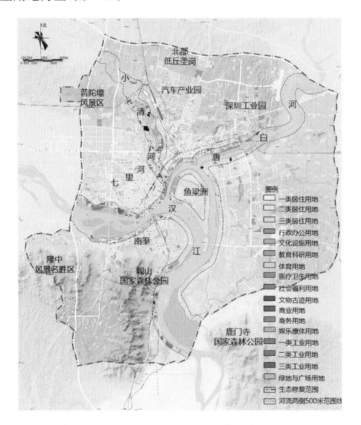

图4-8 襄阳市中心城区主要河流500 m范围内土地利用现状图

(2)山体生态保护与建设

近年来,山体生态保护状况堪忧。山体环境恶化主要原因包括开山采石、用地侵占、工业污染、青山白化四类(图4-9)。开山采石主要位于岘山森林公园周围,共有12处采石场,总占地面积100公顷。工业污染及用地侵占遍布山体四周及山上,共 604.1 公顷。青山白化主要位于岘山森林公园北部,共 189 公顷。襄阳市"两迁"工作确定了搬迁真武山工业园、麒麟工业园。现状工业用地多数位于山体周围,部分工业用地位于风景区核心区,且为二、三类工业用地,对景观及山体造成较大污染。2014 年,襄阳市有关部门将襄城南部山体保护区和隆中风景区内 30 个采石场全部关停,并在山体修复方面做了相关尝试,2017 年将襄樊采石场改造成为孟浩然头像雕像和伏羲摩崖石刻雕像。

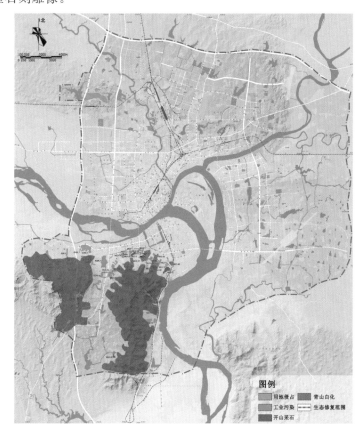

图 4-9　襄阳市中心城区山体存在问题现状图

（3）城市绿地系统建设概况

襄阳市森林覆盖率为 42.55％,建城区树冠覆盖率 35.67％,已创建成为湖北省森林城市,正在积极争创国家森林城市。城市规划区总绿地面积3763.34公顷,绿化覆盖率为37.8%,绿地率为36.7%,人均公园绿地面积9.7 m²/人。其中,公园绿地546.4公顷,生产绿地990.11公顷;防护绿地251.54公顷;附属绿地436.42公顷;其他绿地1538.87公顷。襄阳市中心城区绿地分布图见图4-10。

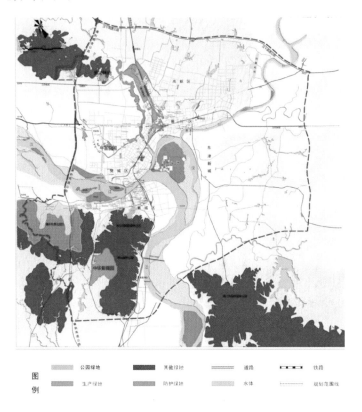

图 4-10 襄阳市中心城区绿地分布图

总体来看,襄阳市人均公园指标较低,分布不均、缺乏特色。襄阳人均公园绿地仅为4.63m²,远不及国家园林城市9 m²/人的标准。根据国家园林城市标准,城市各城区人均公园绿地面积最低值为5 m²/人,但五个区均低于相关标准,尤其是襄州区,其人均公园绿地面积仅为0.98 m²(图4-11、图4-12)。

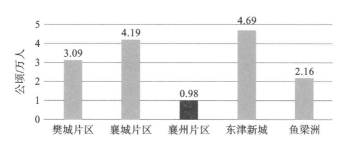

图 4-11 襄阳市各区人均绿地面积

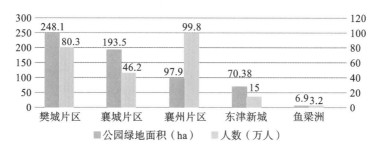

图 4-12 襄阳市中心城区各片区公园绿地面积和人口数量对比

襄阳市城市规划区范围内现有综合公园 11 处、社区公园 11 处、专项公园 7 处、带状公园 6 处和街头绿地 79 处(图 4-13)。其中,综合公园共计 11 座,用地面积为 324.48 公顷,其中水面面积 103.51 公顷。专项公园共计 7 处,用地面积为 126.6 公顷,主要集中分布于襄城片区和樊城片区(图 4-14、图4-15)。

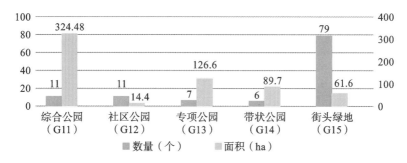

图 4-13 襄阳市中心城区各类公园数量及面积

图 4-14 襄阳市中心城区综合公园空间分布情况

图 4-15 襄阳市中心城区专类公园空间分布情况

襄阳市中心城区社区级公园包括带状公园、社区公园及街头绿地,为一定居住用地范围内的居民提供服务。带状公园共计 6 处,用地面积为89.7公顷,集中在襄城和樊城片区(图 4-16)。襄州片区缺乏带状公园,应沿汉江和九水润城规划中现尚未连通的连山沟建设景观带,与水系协调配合,形成良好的结构关系。东津新城规划有一条浩然河景观带,尚未建成。社区公园共计 11 处,用地面积为 14.4 公顷,主要集中于樊城和襄州片区(图 4-17)。

图 4-16　带状公园空间分布情况

4.1.4　水系统现状

(1) 资源总量较少,保障压力凸显

　　根据 2016 年襄阳市水资源公报,2016 年襄阳市全市水资源总量为 54.6518亿 m³,地表水资源量 49.8895 亿 m³,地下水资源量 20.6692 亿 m³。

图 4-17　社区公园空间分布情况

2016 年全市平均降水量 835.1 mm，折合降水总量 164.6647 亿 m³，比上年增加 6.2％，较常年偏少 7.7％，为偏枯年（表 4-1）。襄阳境内降水量地区分布不均，总体趋势为从西部、南部向北部减少。各县市区的多年平均降水量，南谷城县最大，为 977.8 mm，老河口市、襄州区最小，分别为 789.8 mm、796.4 mm，且长年都达不到全市平均水平。2012—2014 年中心城区降水量均少于多年平均降水量，整体上来说降水量呈现下降趋势。

表 4-1　襄阳市各行政分区近年来与多年平均年降水量　　（单位：mm）

年份	枣阳市	宜城市	老河口市	南漳县	谷城县	保康县	襄州区	襄城区和樊城区	全市
2014 年	832.8	843.1	714.2	891.2	906.2	1008.5	709.6	760.5	857.5

续表

年份	枣阳市	宜城市	老河口市	南漳县	谷城县	保康县	襄州区	襄城区和樊城区	全市
2013 年	583.8	667.9	566.4	873.0	809.7	843.0	631.4	690.7	732.5
2012 年	636.4	639.8	578.4	854.2	879.2	824.8	574.3	576.0	727
多年平均	853.9	861.4	789.8	977.0	977.8	951.5	796.4	849.0	904.4
位列	5	4	8	2	1	3	7	6	

资料来源:2012—2014 年襄阳市水资源公报

　　根据襄阳市水资源公报,多年平均地表水资源量最大的南漳县是襄州区的两倍多,是襄城和樊城总和的近 4 倍(表 4-2)。2012—2014 年襄州区的地表水资源量相对较稳定,但与多年平均降水量相比,不足其一半,呈下降趋势。襄城区和樊城区的地表水资源量仍在逐年减少,总体呈现下降趋势。

表 4-2　襄阳市近年来与多年平均地表水资源量　　　　（单位:亿 m³）

年份	枣阳市	宜城市	老河口市	南漳县	谷城县	保康县	襄州区	襄城区和樊城区	全市
2014 年	5.8370	3.6999	1.0965	11.2181	6.4409	13.5402	2.4171	1.6182	45.8679
2013 年	3.4121	2.9570	0.8306	9.9233	5.3967	8.8991	2.3121	1.6623	35.3932
2012 年	2.981	2.2101	1.4802	10.2199	6.9911	8.2349	2.2489	1.8038	36.1699
多年平均	8.2250	5.4980	2.6300	12.9330	9.2250	10.9910	5.8390	3.3760	58.7170
位次	4	6	8	1	3	2	5	7	

资料来源:2012—2014 年襄阳市水资源公报

　　近年来襄阳市人均水资源占有量不足 1000 m³/(人·年),低于全国人均水平 2100 m³/(人·年)。其中襄城区和樊城区人均水资源量低于 500 m³/(人·年),襄州区人均水资源量仅达 420 m³/(人·年)左右。具体指标见表 4-3、表 4-4、图 4-18。

表 4-3　襄阳市襄城区和樊城区水资源总量表

年份	地表水资源总量/(亿立方米)	地下水资源总量/(亿立方米)	水资源总量/(亿立方米)	产水系数	产水模数/(万立方米/平方千米)	人均水资源量/[立方米/(人·年)]
2014 年	1.6182	1.2031	2.3105	0.253	19.2	168
2013 年	1.6623	1.1264	2.5520	0.369	21.2	186
2012 年	1.8038	1.0578	2.5248	0.365	21.0	188

资料来源:2012—2014 年襄阳市水资源公报

表 4-4　襄阳市襄州区水资源总量表

年份	地表水资源总量/(亿立方米)	地下水资源总量/(亿立方米)	水资源总量/(亿立方米)	产水系数	产水模数/(万立方米/平方千米)	人均水资源量/[立方米/(人·年)]
2014 年	2.4171	2.5480	3.8551	0.221	15.7	422
2013 年	2.3121	2.0216	3.9968	0.283	16.2	437
2012 年	2.2489	2.0633	3.7093	0.262	15.1	406

资料来源:2012—2014 年襄阳市水资源公报

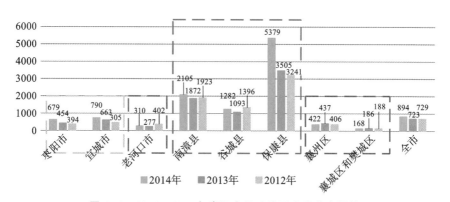

图 4-18　2012—2014 年襄阳市行政分区人均水资源量

(资料来源:2012—2014 年襄阳市水资源公报)

近年来,随着襄州区的快速发展,供水需求日益增大,由于东津汤店水厂工艺落后、供水量不足,给该区居民特别是高层用户用水带来不便。如2018 年 9 月市民纷纷反映襄州区唐白河以南还建点供水压力不足,导致无法正常用水(平均每天正常用水时间不足两小时,或者是整天停水)。另外,襄城区尹集乡各村庄虽然早在几年前就喝上了自来水,然而截至 2019 年 6 月,一些乡村经常出现断水现象,导致村民长期无水可用,如江垱村、肖冲村、白云村等。

　　(2)内河水污染加剧,缺乏系统治理

　　襄阳九条主要河流中,汉江干流水质良好,全年期水质评价基本满足《地表水环境质量标准》Ⅲ类水质标准,但在襄城南渠排污口附近存在岸边污染带,其主要污染物为氨氮、高锰酸盐指数。连山沟、唐白河、小清河水质较差,全年期水质评价基本满足Ⅳ类水质标准,其中小清河下游清河口监测站附近污染较为严重,为Ⅴ类水质。淳河水质良好,全年期水质评价基本满足Ⅲ类水质标准。浩然河上游由于城市建设,河水轻度污染,为Ⅳ类,下游水质较好,为Ⅲ类水质。南渠和七里河水质极差,全年期水质分别评价为Ⅴ类水质、黑臭水体(表4-5)。由于城市污水排放治理力度不够、居民环境卫生意识不够强,内河污染,汇入汉江,导致汉江水穿越建成区后水质变差。从小型水系来看,襄阳建成区水系污染较为严重,可分为轻度污染(Ⅳ)、中度污染(Ⅴ)和严重污染(劣Ⅴ)三类。襄阳市九条主要河流现状水质分析见图 4-19。

表 4-5　襄阳市中心城区九水现状水质

河 流 名 称	水　　质
汉江	上游为Ⅱ类水质,下游为Ⅲ类水质
淳河	Ⅲ类水质
滚河	Ⅲ类水质
浩然河	上游为Ⅳ类,下游为Ⅲ类水质

续表

河 流 名 称	水　质
唐白河	Ⅳ类水质
小清河	上游为Ⅳ类水质,下游为Ⅴ类水质
连山沟(包括张湾沟)	上游为Ⅴ类水质,下游为黑臭水体
南渠	Ⅴ类水质
七里河	黑臭水体

资料来源:襄阳市水环境统计年报

图4-19　襄阳市九条主要河流现状水质分析图

从各片区来看,襄城片区主要的小型水系较少,水质良好,但南渠水体流动性较差,生活垃圾随意丢弃,导致水体自净能力比较差,污染较严重(图4-20、表4-6)。

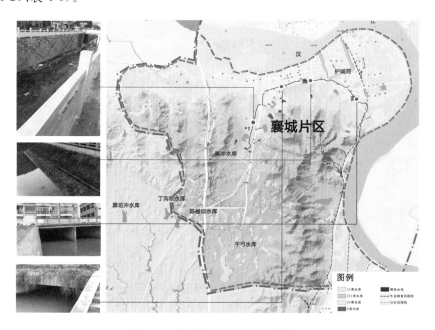

图 4-20 襄城片区各水系水质情况

表 4-6 襄城片区主要水系基本情况

分区	序号	河道名称	水系类别	现状水质	污染程度	备 注
襄城片区	1	护城河	河流	Ⅲ类水质	—	城市建成区
	2	张冲水库	水库	Ⅲ类水质	—	非城市建成区
	3	千弓水库	水库	Ⅱ类水质	—	非城市建成区
	4	南渠	沟渠	—	—	城市建成区

资料来源:根据相关资料整理

樊城片区各水库水质较好,但城市建成区的小型水系的水质较差,都受到了一定程度的污染(表4-7、图4-21)。其中,主要污染情况如下。

表 4-7 樊城片区主要水系基本情况

分区	序号	河道名称	水系类别	现状水质	污染程度	备　　注
樊城片区	1	普陀堰水库	水库	Ⅱ类水质	—	非城市建成区
	2	黄河坝水库	水库	Ⅲ类水质	—	非城市建成区
	3	黄龙沟	沟渠	Ⅴ类水质	严重污染	非城市建成区
	4	邓城遗址护城河	河流	Ⅴ类水质	严重污染	城市建成区、非城市建成区
	5	仇家沟	沟渠	Ⅴ类水质	严重污染	城市建成区
	6	普陀沟	沟渠	黑臭水体	严重污染	城市建成区
	7	七里河（大李沟）	河流	上游为Ⅴ类水质，下游为黑臭水体	严重污染	城市建成区

资料来源：根据相关资料整理

图 4-21 樊城片区各水系水质情况

①邓城遗址护城河,部分被填埋,或用作水田,水体连通性差,导致水体轻度污染。邓城遗址在城墙外护城河宽 20～40 m,残深 1～4 m,现已改为水田,北门的瓮城的护城河快被村民填平,胡乱堆放大量的建筑垃圾和生活垃圾,附近的沟渠也因城市的发展建设被填埋,现已不复存在。

②七里河(大李沟)、仇家沟、普陀沟沿线工业企业分布较多,污染排放的治理还有待提高。另外,普陀沟和黄龙沟污染较严重,并汇入七里河,加剧了其水污染程度。

③黄龙沟上游流经成片的农田,产生大量农业面源污染,农药、化肥的使用、土壤流失和农业废弃物导致水质变差;同时,沟渠较窄,水流量较少,水体自净能力差。中游和下游沿线工业企业较多,存在布局点源污染。

襄州片区水质情况如下(表 4-8、图 4-22):

表 4-8　襄州片区主要水系基本情况

分区	序号	河道名称	水系类别	现状水质	污染程度	备 注
襄州片区	1	三董水库	水库	Ⅲ类水质	—	非城市建成区
	2	店子坡水库	水库	Ⅲ类水质	—	非城市建成区
	3	董庄水库	水库	Ⅲ类水质	—	非城市建成区
	4	姚家山水库	水库	Ⅲ类水质	—	非城市建成区
	5	连山水库	水库	Ⅲ类水质	—	城市建成区
	6	姚家沟	沟渠	Ⅲ类水质	—	非城市建成区
	7	车城湖	湖泊	Ⅲ类水质	—	城市建成区
	8	唐白河	河流	Ⅳ类水质	轻度污染	城市建成区
	9	小清河	河流	上游Ⅳ类水质,下游为Ⅴ类水质	轻度污染	城市建成区
	10	连山沟	沟渠	Ⅴ类水质	中度污染	城市建成区
	11	顺正河	河流	黑臭水体	严重污染	城市建成区
	12	东葫芦沟	沟渠	黑臭水体	严重污染	城市建成区、非城市建成区
	13	西葫芦沟	沟渠	黑臭水体	严重污染	城市建成区、非城市建成区
	14	张湾沟	沟渠	黑臭水体	严重污染	城市建成区
	15	犁园沟	沟渠	黑臭水体	严重污染	城市建成区

资料来源:根据相关资料整理

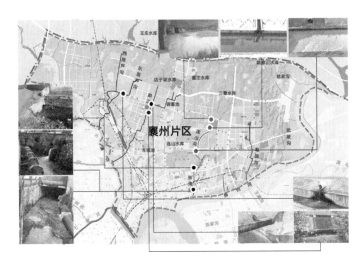

图 4-22 襄州片区各水系水质情况

①顺正河穿越汽车产业园,沿线工业企业分布较多,仍有少部分污水未经处理直接排入水体,污染排放的治理还有待提高;

②连山沟上游工业企业污染排放严重,且河道积淤,水体流动性差,自净能力不足,水质污染情况逐渐加重;

③小清河、唐白河沿线汇入的各小型水系水质污染较严重,导致水体轻度污染;

④张湾沟生活垃圾丢弃,河道积淤、建筑废水排放,导致水体污染较严重。

东津新城的建设才刚刚起步,还未建设的区域水环境较好,基本为Ⅲ类水质。但其起步区部分地区建筑垃圾堆积,且填埋现象严重,使得浩然河、陈家沟、景观河和高排河的河道变窄,水系连通性较差,水质出现轻度污染(表 4-9、图 4-23)。

表 4-9 东津新城主要水系基本情况

分区	序号	河道名称	水系类别	现状水质	污染程度	备 注
东津新城	1	渠长河	河流	Ⅲ类水质	—	非城市建成区
	2	王家沟	沟渠	Ⅲ类水质	—	非城市建成区
	3	熊河西干渠	沟渠	Ⅲ类水质	—	非城市建成区
	4	百干渠	沟渠	Ⅲ类水质	—	非城市建成区

续表

分区	序号	河道名称	水系类别	现状水质	污染程度	备　注
东津新城	5	兴隆坝水库	水库	Ⅲ类水质	—	非城市建成区
	6	胡沟水库	水库	Ⅲ类水质	—	非城市建成区
	7	肖坡水库	水库	Ⅲ类水质	—	非城市建成区
	8	肖岗坝水库	水库	Ⅲ类水质	—	非城市建成区
	9	团结坝水库	水库	Ⅲ类水质	—	非城市建成区
	10	景观河	河流	Ⅳ类水质	轻度污染	城市建成区
	11	高排河	河流	Ⅳ类水质	轻度污染	城市建成区
	12	陈家沟	沟渠	Ⅳ类水质	轻度污染	城市建成区
	13	浩然河	河流	上游为Ⅳ类，下游水质较好，为Ⅲ类水质	轻度污染	城市建成区

资料来源:根据相关资料整理

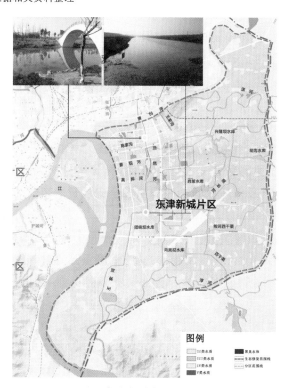

图 4-23　东津新城各水系水质情况

（3）沿河驳岸建设整体较好，部分有待提升

将汉江、小清河、七里河、滚河、淳河、护城河、浩然河、南渠的岸线划分为六种类型，包括待原生态柔性驳岸、蓝线控制不足驳岸、待提升刚性驳岸、良好的休闲游憩型驳岸、良好的刚性驳岸和良好的远水型生态驳岸，并分析各类岸线存在的问题。通过现场调研发现，襄阳市中心城区集中建成区内大部分的水系沿岸景观、生物多样性、景观美化性均有待提升，主要存在以下几类问题：植被覆盖率较低，部分水岸土壤裸露、植物种类单一；景观缺乏特色，沿岸建设有商业、居住、工业等建筑，导致水岸开放性不足；驳岸道路不平整，卫生情况较差；水生动物数量和种类较少（表4-10、图4-24）。

表4-10　襄阳市中心城区沿河驳岸调查情况

岸线类型	存在的问题	典型现状照片
原生态柔性驳岸	（1）植被多样性低，杂乱无序，缺乏管理，缺少步行道和亲水空间； （2）部分水岸土壤裸露，植被不连续； （3）景观缺乏特色，植物种类单一	
蓝线控制不足驳岸	沿岸建设有商业、居住、工业等建筑，导致水岸开放性不足	
待提升刚性驳岸	（1）驳岸杂乱，道路不平整； （2）卫生情况较差，缺乏管理	

图 4-24　襄阳中心城区沿河驳岸建设情况分布图

（4）中心城区内涝灾害频发

根据襄阳市当地新闻报道和市民询问结果，近年来洪涝灾害发生较少，但每年雨季，襄阳中心城区汉江北路、江山南路、汉唐大道等地区都会频繁出现内涝灾害（图 4-25）。

（5）水生态文明建设稳步推进，城市生态修复逐步推进

由上述分析可知，襄阳市中心城区河流、水库等数量众多、水域面积宽广，但水安全形势日益严峻，是平原地区水问题突出的典型代表城市。2016年 12 月，住房和城乡建设部在三亚市召开了全国生态修复城市修补工作现场会，后又印发了《关于加强生态修复城市修补工作的指导意见》，安排部署在全国全面开展生态修复、城市修补工作，明确了指导思想、基本原则、主要

2018.05.25内涝情况　　　　　　　　　　2019.04.22内涝情况

2019.06.21内涝情况

图 4-25　襄阳市中心城区内涝情况照片

（资料来源：现场调研）

任务目标，提出了具体工作要求。其中之一就是修复城市生态，改善生态功能，要求尊重自然生态环境规律，落实海绵城市建设理念，采取多种方式、适宜的技术，系统地修复山体、水体和废弃地，构建完整连贯的城乡绿地系统。根据指导意见精神，襄阳市为此也展开了一系列水系治理和综合整治工作。

2014 年 5 月，襄阳市被水利部确定为全国第二批水生态文明城市建设试点，并于 2018 年 4 月通过全国水生态文明城市建设试点技术评估。对全市 985 条河流、1210 座水库和堰塘、渠系的基本情况进行梳理，共完成 62 个重点项目，15 项考核评价指标全面达标（表 4-11）。2019 年襄阳市启动城市生态修复与城市修补工作，但是理论与实践的研究及结合较为薄弱。

表 4-11　襄阳市中心城区水生态文明建设涉及的重点项目

序号	分类	项目名称	主　要　内　容
1	水资源修复	鄂北地区水资源配置工程襄阳项目	为沿线的老河口市、襄州区、枣阳市 215 万人提供优质水资源
2		节水单位建设	完成 3 家医院、3 家学校、10 家社区节水示范，包括节水器具推广、节水宣传、绿化节水活动
3		城镇供水水厂新建改建与供水管网配套工程	东津水厂建设、东津新区供水管网一期工程、第二水厂供水管网工程、名城路与星光大道配套供水管网工程、隆中文化园配套供水工程、气象局至十家庙段供水管网工程、高新区安全饮水工程

续表

序号	分类	项目名称	主 要 内 容
4	水环境修复	河湖水系连通	"汉江—南渠—护城河"水系连通工程,"红水河—普陀堰—大李沟"水系连通工程
5		浩然河水系综合治理工程	开挖浩然河 7.4 km、高排河 4.33 km,生态整治王家河 11.3 km、陈家沟下段 3070 m、东大沟下段 1.25 km,建设防洪闸 2 座
6		连山沟综合治理工程	清淤 11.5 km,岸坡生态整治 17 km
7	水灾害修复	汉江干流襄阳段防洪工程建设	汉江干流堤防建设
8		城市防洪除涝	南渠、唐白河、大李沟、滚河、小清河、浩然河堤防建设、清淤疏浚;新建了樊一、牛首、长虹北路 3 座泵站;改扩建了襄樊大道、人民路、大庆路、航空路、名城路、长虹路、轴承一路、环山路等道路管网
9		人民公园海绵城市设施试点建设	建设绿化、美化、硬化、亮化、地下集水池 2000 m³
10	水生态修复	鱼梁洲环岛景观带及中央生态公园	环岛道路、绿道、广场及公园建设
11		连山湖国际生态新城开发建设项目	水库渗漏处理、库岸边坡整治、水库扩容、泄洪闸建设及河道防洪工程,连山湖公园建设
12		洲滩、湿地保护与治理	建设月亮湾湿地、鱼梁洲湿地

资料来源:作者根据襄阳市水利和湖泊局官网(http://slj.xiangyang.gov.cn/)数据整理

4.2   襄阳城市水安全评价范围及分析单元确定

4.2.1   襄阳城市水安全评价范围确定

由于水系统的复杂性,其评价内容应该区分空间尺度。其中从市域层

面分区县对襄阳城市水资源系统进行安全评价（图 4-26），而城市水环境和
水灾害系统的安全评价范围为襄阳市中心城区（图 4-27）。

图 4-26 襄阳城市水资源安全评价研究范围示意图

图 4-27 襄阳城市水环境和水灾害安全评价范围示意图

　　襄阳城市水生态系统的安全评价范围为襄阳市中心城区的水系及其核心缓冲区(图 4-28)。其中,水系核心缓冲区作为水域与陆域、自然与社会的重要过渡地带,是保护和优化江河湖库渠的根本区域,也是受各类水系影响最大的地域空间(刘伟毅,2016)。根据城市水灾害安全指标等级划分中的易发生洪水灾害区域指标评级结果,确定襄阳九水(汉江、小清河、唐白河、七里河、南渠、连山沟、浩然河、淳河和滚河)的核心缓冲区范围为沿水体边界 200 m 范围内的区域,其他河流、水库的核心缓冲区范围分别为滨水边界 100 m、50 m 内的区域。

图 4-28　襄阳城市水生态安全评价范围示意图

(图片来源:作者自绘)

4.2.2　襄阳城市水安全评价分析单元确定

本研究基于 Arc GIS,利用集水区提取法来划分襄阳市中心城区小流域

单元(程峥,2011),并以此作为城市水系统安全评价分析和生态修复的基本研究单元。小流域单元的划分的方法主要包括 DEM 的预处理、水流方向的确定、汇流累积量计算、河网提取、河流链接、集水区的生成(即流域的划分)6 个部分(图 4-29)。

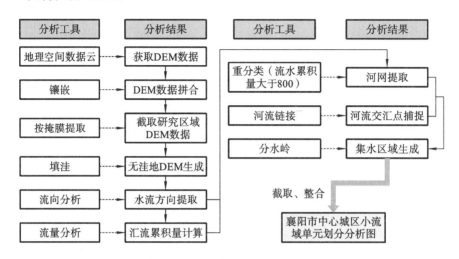

图 4-29　小流域单元划分流程图

(1) DEM 的预处理

本研究中的襄阳市中心城区 DEM 数据为地理空间数据云 SRTMDEM 30 m 分辨率原始高程数据。DEM(digital elevation model),是地表形态高程属性的数字化表达,能够表达一定分辨率的局部地形特征,包含了丰富的地形地貌、水文信息等。基于 Arc GIS10.2 中的水文分析工具对研究区进行水文信息提取,DEM 预处理是实现地表径流模型的水流方向确定、流量分析、河网和集水区域的提取等操作的基础。由于 DEM 数据的分辨率以及真实地形等原因,数据中常存在一些凹陷区域,在进行水流方向计算时,由于这些区域的存在,往往得到不合理或者不正确的水流方向,影响河网的提取。因此,需对原始 DEM 进行"填注"处理,得到无注地的 DEM。

(2) 水流方向的确定

水流方向是通过计算中心栅格与邻域栅格的最大距离权落差来进行确

定的,是指对于每一栅格单元的水流离开此栅格单元时的指向。GIS 中采用 D8(最大距离权落差或最大坡降法)算法,通过对中心栅格的 1、2、4、8、16、32、64、128 等 8 个邻域栅格编码,中心栅格的水流方向便可由其中的某个值来确定。对填洼后的 DEM 采用"流向分析"工具,进行水流方向提取。

（3）汇流累积量计算

汇流累积量是按照水流从高处流向低处的规律,基于水流方向栅格数据计算而来的。每一个栅格在水流方向上累积的栅格数越多,其汇流累积量越大,越容易形成地表径流,采用"流量"工具生成襄阳中心城区流量分析图。

（4）河网提取

汇流累积量的计算是河网提取的基础,当汇流量达到一定值后就会产生地表水流,所有汇流量大于临界值的栅格就是潜在的水流路径,由此构成的网络就是河网。阈值的确定是河网提取的关键环节,它直接决定生成的数字河网的密度和形态。根据襄阳市中心城区现状水系分布图,对阈值的设置进行反复试验,最终设置阈值为 800,最符合研究区地形地貌的实际情况,并采用"重分类"工具进行河网的提取,进行河网分级。

（5）河流链接

河流链接记录着河网弧段间的连接信息,而弧段的终点可以作为出水口的位置。基于水流方向分析图和提取的河网数据,采用"河网链接"工具,获得出水口分布图(黄娟,2008),为集水区的生成奠定基础。

（6）集水区的生成

在水文分析中,采用"盆域分析"工具生成的流域单元范围较大,包括了整个研究区域,不利于本研究后期的分析工作。基于更小的流域单元进行分析,采用"分水岭"工具,输入水流方向和河网链接数据,生成的集水区域即是小流域单元(图 4-30)。经过反复试验,最终确定在河网提取环节设置阈值为 5000,而生成的小流域大小较为合适,便于后期统计和分析(图 4-31)。另外,截取中心城区范围内的小流域单元,并整合周边破碎单元,得到襄阳市中心城区小流域单元划分图。

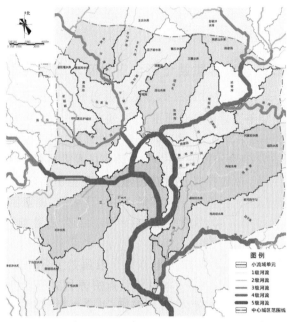

图 4-30 襄阳市中心城区小流域划分 GIS 分析图

图 4-31 襄阳市中心城区小流域划分调整图

4.3　襄阳城市水资源安全评价及问题识别

4.3.1　襄阳城市水资源安全评价数据收集与处理

襄阳城市水资源安全评价共涉及 14 项三级指标,其中 C_3 植被覆盖度指标数据为 30 m 精度的栅格数据,采用矩形分布函数直接赋值,得到安全评价得分。其他 13 项指标为区域定量指标,根据三角隶属函数,计算其安全评价得分。

（1）栅格指标数据收集与处理——C_3 植被覆盖度

目前,国内外有众多利用遥感技术研究植被覆盖度的方法,当前运用较为广泛的方法是利用植被指数估算植被覆盖度（VFC）,常用的植被指数为 NDVI。选取地理空间数据云 Landsat8 30 m 分辨率的襄阳市 2018 年 5 月遥感影像数据,利用 Arc GIS 进行解译,得到襄阳市各区的植被覆盖度等级分析图。

首先,对遥感卫星图进行几何校正、拼接、裁剪等标准化处理。其次,计算归一化植被指数（NDVI）,$\mathrm{NDVI} = \dfrac{\mathrm{NIR} - R}{\mathrm{NIR} + R}$,式中 NIR 为近红外波段（B5）的反射率,$R$ 为红外波段（B4）的反射率,得到襄阳市植被指数分析图（图 4-32）。再次,计算植被覆盖度（VFC）,$\mathrm{VFC} = \dfrac{\mathrm{NDVI} - \mathrm{NDVI}_{\min}}{\mathrm{NDVI}_{\max} - \mathrm{NDVI}_{\min}}$,$\mathrm{NDVI}_{\max}$

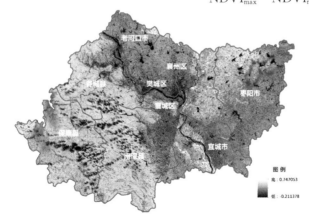

图 4-32　襄阳市归一化植被指数分析图

和 $NDVI_{min}$ 分别为区域内最大和最小的 NDVI 值。利用 ENVI 对 NDVI 结果进行统计,根据国内学者研究经验选取累计概率为 5% 和 90% 的 NDVI 值作为 $NDVI_{min}$ 和 $NDVI_{max}$(蒲欢欢,2015),本研究统计得到 $NDVI_{min}=0.05$,$NDVI_{max}=0.7$,运用 GIS 的"栅格计算器"工具,代入公式计算,得到襄阳市植被覆盖度分析图。最后,根据评价标准对襄阳市植被覆盖度分析图进行重新分类,划分为严重不安全植被覆盖度(VFC<10%)、较不安全植被覆盖度(10%≤VFC<20%)、临界安全植被覆盖度(20%≤VFC<40%)、较安全植被覆盖度(40%≤VFC<60%)、非常安全植被覆盖度(VFC≥60%)评价等级,得到襄阳市植被覆盖度安全等级分析图。最后,进行分区植被覆盖度统计,利用襄阳市行政区划图与植被覆盖度安全等级分析图进行叠加(图4-33),采用平均值法估算出襄阳市 9 大区县的植被覆盖情况(图4-34),其中平均植被覆盖度=(5%$S_{VFC低}$+15%$S_{VFC较低}$+30%$S_{VFC中}$+50%$S_{VFC较高}$+80%$S_{VFC高}$)/国土面积(其中,$S_{VFC低}$为低植被覆盖度的土地面积)。

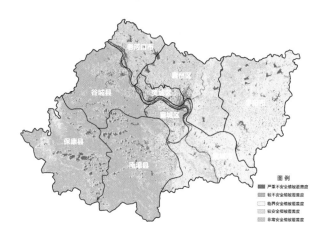

图 4-33　襄阳市植被覆盖度安全等级分析图

襄阳市整体植被覆盖情况较好,呈现自西向东覆盖情况逐渐变差的空间分布特征。其中,市区(樊城区、襄城区和襄州区)范围内的植被覆盖度普遍较低。樊城的平均植被覆盖度最低,严重不安全、较不安全植被覆盖度面积占比分别达 20.88%、18.06%,远超其他区县。另外,襄州区、樊城区、宜城市、枣阳市非常安全植被覆盖度面积占比不足 2%。襄城区植被覆盖度相

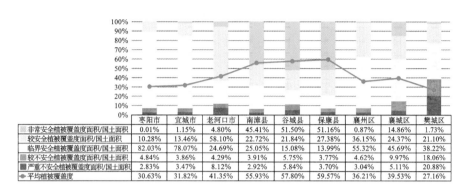

	枣阳市	宜城市	老河口市	南漳县	谷城县	保康县	襄州区	襄城区	樊城区
非常安全植被覆盖度面积/国土面积	0.01%	1.15%	4.80%	45.41%	51.50%	51.16%	0.87%	14.86%	1.73%
较安全植被覆盖度面积/国土面积	10.28%	13.46%	58.10%	22.72%	21.84%	27.38%	36.15%	24.37%	21.10%
临界安全植被覆盖度面积/国土面积	82.03%	78.07%	24.69%	25.05%	15.08%	13.99%	55.32%	45.69%	38.22%
较不安全植被覆盖度面积/国土面积	4.84%	3.86%	4.29%	3.91%	5.75%	3.77%	4.62%	9.97%	18.06%
严重不安全植被覆盖度面积/国土面积	2.83%	3.47%	8.12%	2.92%	5.84%	3.70%	3.04%	5.11%	20.88%
平均植被覆盖度	30.63%	31.82%	41.35%	55.93%	57.80%	59.57%	36.21%	39.53%	27.16%

图 4-34　襄阳市各区县植被覆盖度安全情况分析图

对襄州区、樊城区情况较好,但其平均植被覆盖度仅为 39.53%,大部分地区
处于临界植被覆盖度等级。

（2）区域定量指标数据收集与处理

选取评价指标各等级标准区间的中值为"城市水资源安全评价"指标标
准值,计算襄阳市各区县单因子相对隶属度,进而得到各区县单因子安全评
价得分（表 4-12）。

表 4-12　襄阳市各区县单因子安全评价得分

指　　标	区　　县								
	枣阳市	宜城市	老河口市	南漳县	谷城县	保康县	襄州区	襄城区	樊城区
C_1 多年平均降雨量	2.65	2.66	2.62	2.80	3.04	2.76	2.53	2.78	2.64
C_2 水土流失率	3.61	3.45	3.80	3.31	4.36	3.09	4.78	3.95	4.83
C_4 万元工业增加值用水	3.90	3.90	3.90	3.60	4.00	4.20	4.00	1.00	3.61
C_5 人均居民生活用水量	3.87	3.91	4.21	3.81	1.00	5.00	3.45	3.07	2.75
C_6 亩均农业灌溉用水量	5.00	4.58	3.67	5.00	4.55	4.33	4.59	3.97	3.67

续表

指　　标	区　　县								
	枣阳市	宜城市	老河口市	南漳县	谷城县	保康县	襄州区	襄城区	樊城区
C_7 生态环境用水量比例	3.90	3.50	5.00	2.70	2.90	3.50	2.30	2.20	5.00
C_8 产水模数	2.37	2.38	2.32	2.65	2.93	2.57	2.21	2.72	2.37
C_9 人均水资源量	1.96	2.32	1.43	4.47	3.88	5.00	1.53	1.24	1.00
C_{10} 地下水利用程度	5.00	5.00	4.91	5.00	5.00	5.00	5.00	4.23	3.17
C_{11} 建成区给水管网密度	3.78	3.90	4.24	3.73	2.31	2.94	3.48	3.17	3.15
C_{12} 公众节水普及率	2.71	1.69	3.43	1.91	2.16	1.28	1.58	1.14	1.92
C_{13} 水利事务支出占GDP比例	1.90	1.00	1.00	1.00	1.00	1.60	1.00	1.00	1.00
C_{14} 水土流失治理率	1.00	1.00	1.00	1.00	1.00	1.00	1.00	1.00	1.00

4.3.2　襄阳城市水资源安全评价结果

（1）襄阳城市水资源"压力、状态、响应"安全评价结果

基于 Arc GIS 平台，绘制单因子安全评价空间分析图，将其矢量数据结果栅格化，设置像元大小为 30 m×30 m。采用栅格计算器，通过空间栅格数据加权叠加，并采用自然间断点分级法进行安全等级划分，得到襄阳城市水资源"压力""状态""响应"三项指标的安全评价结果，见图 4-35～图 4-37。

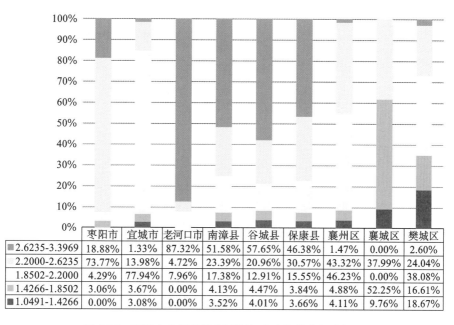

	枣阳市	宜城市	老河口市	南漳县	谷城县	保康县	襄州区	襄城区	樊城区
■ 2.6235-3.3969	18.88%	1.33%	87.32%	51.58%	57.65%	46.38%	1.47%	0.00%	2.60%
□ 2.2000-2.6235	73.77%	13.98%	4.72%	23.39%	20.96%	30.57%	43.32%	37.99%	24.04%
1.8502-2.2000	4.29%	77.94%	7.96%	17.38%	12.91%	15.55%	46.23%	0.00%	38.08%
1.4266-1.8502	3.06%	3.67%	0.00%	4.13%	4.47%	3.84%	4.88%	52.25%	16.61%
■ 1.0491-1.4266	0.00%	3.08%	0.00%	3.52%	4.01%	3.66%	4.11%	9.76%	18.67%

图 4-35　襄阳市各区县"压力"指标安全评价空间分析图

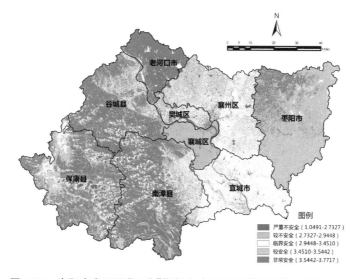

图 4-36　襄阳市各区县"压力"指标安全评价各等级面积占比统计图

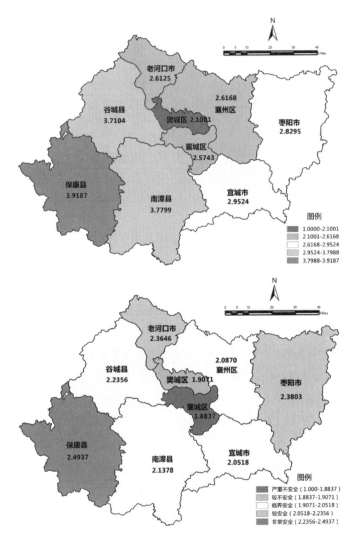

图 4-37　襄阳市中心城区"状态-响应"指标安全评价空间分析图

（上："状态"指标安全评价；下："响应"指标安全评价）

　　襄阳城市水资源压力整体呈现中间低、两端高的格局。人口密度和城镇化水平较高的市区（襄城区、樊城区、襄州区）及宜城市压力相对较大，其中襄城区远高于其他区县，因此将襄城区范围内的小流域确定为高压力（GYL）小流域。虽然各区县之间降雨量和水土流失情况等自然压力差距不大,居民生活和农业用水量也较为接近,但市区及宜城的植被覆盖度远不及其余区县。其他区县良好的自然本底,能极大提高其蕴藏水资源的能力。另外,襄城区虽工业企业并不多,但水资源利用率较低,万元工业用水量较大,是导致其处于严重不安全等级的关键原因(图 4-37)。

襄阳城市水资源状态的安全情况东西部地区差距悬殊,以谷城县和南漳县东部行政区划边界连线为分界,呈现出断崖式下降的态势。其中,评价得分最低的为樊城区,处于严重不安全等级,故将樊城范围内的小流域确定为低状态(DZT)小流域。这主要是因为樊城的人口规模较大,河流水系相对其他区县较少,所以其人均及地均水资源占有量严重不足,仅为 271m³/人、43.8万 m³/km²。襄城区和襄州区人口密度低于樊城区,水系也相较于樊城区更为丰富,但相较其他区县城市化程度更高,得分分别排在第 8 位和第 6 位,均处于较不安全等级。

襄阳城市水资源"响应"指标评价得分均较低,居民和相关单位对于水资源的保护还存在很大的缺陷,各区县对于水资源的管理力度和人们的节水意识均不高。其中,襄城区形势最为严峻,将其所涉及的小流域确定为低响应(DXY)小流域。

(2)襄阳城市水资源安全综合评价结果

将"压力""状态""响应"三项指标的评价结果加权叠加,得到襄阳城市水资源安全评价空间分析图(图 4-38、图 4-39)。评价结果显示:襄阳城市水资源安全情况呈明显的空间分异,西部各区县安全情况明显优于东部。从市域层面看,襄阳城市水资源安全的主要症结和高风险区域在中心城区,尤其是樊城区和襄城区。

由于当前襄阳市市区之间开发程度严重失衡,樊城区是襄阳的经济、交通、信息、物流中心,襄城区是襄阳文化、旅游高地,所以其人口规模、产业集聚程度远高于襄州区,维系各项人类社会活动的所必需的水资源耗损量较大。两者水资源压力较大、响应力度严重不足、状态不佳,三者评价结果叠加,大部分地区综合评价结果显示为严重不安全等级。而襄州区虽同为襄阳市市区,但当前其城市化发展略微滞后于樊城区和襄城区,相比周边县市,人口和经济更为发达,生态环境较差,植被水涵养能力不足,所以其综合评价结果基本处于较不安全等级。

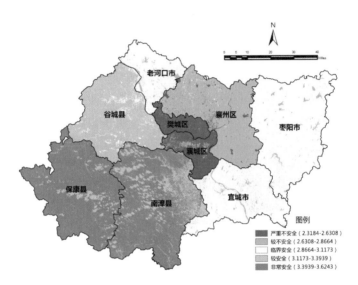

图 4-38 襄阳市各区县水资源安全综合评价空间分析图

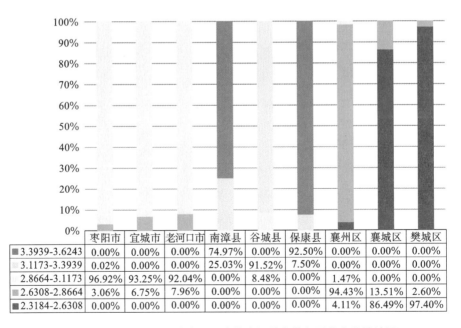

	枣阳市	宜城市	老河口市	南漳县	谷城县	保康县	襄州区	襄城区	樊城区
■ 3.3939-3.6243	0.00%	0.00%	0.00%	74.97%	0.00%	92.50%	0.00%	0.00%	0.00%
3.1173-3.3939	0.02%	0.00%	0.00%	25.03%	91.52%	7.50%	1.47%	0.00%	0.00%
2.8664-3.1173	96.92%	93.25%	92.04%	0.00%	8.48%	0.00%	94.43%	13.51%	2.60%
■ 2.6308-2.8664	3.06%	6.75%	7.96%	0.00%	0.00%	0.00%	4.11%	86.49%	97.40%
■ 2.3184-2.6308	0.00%	0.00%	0.00%	0.00%	0.00%	4.11%	86.49%	97.40%	

图 4-39 襄阳市各区县水资源安全综合评价各等级面积占比统计图

在市区层面,根据襄阳城市水资源安全综合评价结果,结合数据本身的分布特征,确定高、中、低及单项薄弱小流域单元并进行统计区分(图 4-40、表 4-13)。

图 4-40　襄阳市中心城区行政区划及小流域单元叠合图

表 4-13　襄阳市中心城区水资源"高安全-中安全-低安全-单项薄弱"小流域统计表

单 元 等 级	区县名称	区县所涉及的小流域单元
低安全 小流域单元	樊城区 襄城区	普陀沟小流域、七里河小流域、小清河小流域、清河口小流域、月亮湾小流域、南渠小流域、护城河小流域、余家湖小流域、千弓小流域

单元等级	区县名称	区县所涉及的小流域单元
中安全 小流域单元	襄州区	伙牌小流域、东西葫芦沟小流域、连山沟小流域、陈家沟小流域、唐白河小流域、姚家沟小流域、武坡沟小流域、滚河小流域、浩然河小流域、淳河小流域
高安全 小流域单元	—	—
单项薄弱 小流域单元	—	—

4.3.3 襄阳城市水资源安全关键问题诊断

襄阳城市水资源安全关键问题诊断的研究对象是襄阳城市水资源低安全及单项薄弱小流域单元,影响因素指标组及其细分按照水资源安全评价指标体系表中的分类,可划分为社会用水压力、城市蓄水压力、社会管理三个指标组。基于此,可绘制城市水资源低安全小流域单元问题诊断表如表4-14所示。

表4-14 襄阳城市水资源低安全小流域单元问题诊断表

影响因素指标组	指标	低安全小流域								
		普陀沟 小流域	七里河 小流域	小清河 小流域	清河口 小流域	月亮湾 小流域	南渠 小流域	护城河 小流域	余家湖 小流域	千弓 小流域
城市蓄水压力	C_1 多年平均降雨量	2.64	2.64	2.57	2.64	2.75	2.77	2.77	2.70	2.78
	C_2 水土流失率	4.83	4.83	4.80	4.63	4.14	3.98	4.02	4.20	3.95

续表

影响因素指标组	指　　标	低安全小流域								
		普陀沟小流域	七里河小流域	小清河小流域	清河口小流域	月亮湾小流域	南渠小流域	护城河小流域	余家湖小流域	千弓小流域
城市蓄水压力	C_3 植被覆盖度	2.99	2.50	2.54	1.95	3.46	3.50	3.03	3.48	3.33
社会用水压力	C_4 万元工业增加值用水量	3.62	3.61	3.85	3.18	1.55	1.10	1.21	1.91	1.00
	C_5 人均居民生活用水量	2.77	2.75	3.17	3.01	3.00	3.06	3.04	3.19	3.07
	C_6 亩均农业灌溉用水量	3.69	3.67	4.23	3.98	3.91	3.96	3.95	4.16	3.97
	C_7 生态环境用水量比例	4.94	5.00	3.36	3.54	2.24	1.63	1.78	1.74	1.50
水量	C_8 产水模数	2.37	2.37	2.27	2.40	2.65	2.71	2.69	2.56	2.72

续表

影响因素指标组	指　　标	低安全小流域								
		普陀沟小流域	七里河小流域	小清河小流域	清河口小流域	月亮湾小流域	南渠小流域	护城河小流域	余家湖小流域	千弓小流域
水量	C_9 人均水资源量	1.01	1.00	1.32	1.19	1.19	1.23	1.22	1.33	1.24
	C_{10} 地下水利用程度	3.21	3.17	4.28	3.88	4.01	4.19	4.15	4.46	4.23
	C_{11} 建成区给水管网密度	3.16	3.15	3.35	3.24	3.17	3.17	3.17	3.26	3.17
社会管理	C_{12} 公众节水普及率	1.91	1.92	1.71	1.67	1.30	1.17	1.20	1.27	1.14
	C_{13} 水利事务支出占 GDP 比例	1.00	1.00	1.00	1.00	1.00	1.00	1.00	1.00	1.00
	C_{14} 水土流失治理率	1.00	1.00	1.00	1.00	1.00	1.00	1.00	1.00	1.00

由于城市水资源安全是水量在各项威胁及维护措施的作用下，能够在相对较长的一段时间内保持水量充沛的境界。通过对水资源"压力、响应"的安全情况诊断，以确定导致小流域水量不足且处于低安全或单项薄弱类别的关键问题所在。由诊断表可知，在水量方面，各单元"建成区给水管网密度"得分较好，说明当前城市的供水量基本能满足人们的需要。"地下水利用程度"高于临界值 3，而地均和人均水资源量指标得分却不高，说明各低安全小流域内水量不富足但缺水程度并不危急。

普陀沟、七里河、小清河、清河口小流域水资源安全水平差的关键问题在于城市蓄水压力和社会管理两个方面。这 4 个单元位于樊城区，而樊城区是市人口、工业最为集中的地区，其开发程度较高，对环境的保护也较差，导致植被覆盖情况不佳，严重影响到城市的蓄水能力。

月亮湾、南渠、护城河、余家湖、千弓小流域水资源安全水平差的关键问题在于社会用水压力大、社会管理差。其范围内社会用水压力大，主要是工业和生态用水指标安全情况不佳导致的。其工业用地虽不多，但万元工业用水量较大，需进行节水技术改造。另外，襄城以旅游为主导功能，隆中风景区、岘山森林公园、烈士陵园、古城、庞公遗址等著名景点均集中坐落于这 5 个小流域，因此需要大量的生态用水和生活用水。

4.3.4　襄阳城市水资源量安全关键影响因素识别

通过对襄阳市水资源量安全水平关键影响因素识别，能为小流域单元找到高效的优化方向。计算结果显示（表 4-15、表 4-16），在三类水量安全影响因素指标组中，"城市蓄水压力"的关联度最高，说明要提高城市自然水资源量和满足人们的供水量需求，增强其蓄水能力是最有效、快捷的方式。"多年平均降雨量"关联度低于其他两项指标，说明降雨量虽然是城市蓄水的基本天然条件，但更应该重视地区的水源涵养能力。"水土流失率"代表了城市江河湖库渠等地表水的持水能力，该项指标关联度低于"植被覆盖度"，说明采取临水补植的固土措施来提升城市蓄水能力的力度略小于进行大面积绿化水涵养区建设。

表4-15 襄阳城市水量及其影响因素数据统计表

| 区县单元 | 影响因素 | | | | | | | | | | 水量 |
| | 城市蓄水压力 | | | 社会用水压力 | | | | 社会管理 | | | |
	C_1 多年平均降雨量/mm	C_2 水土流失率/(%)	C_3 植被覆盖度/(%)	C_4 万元工业增加值用水量/m³	C_5 人均居民生活用水量/L	C_6 亩均农业灌溉用水量/m³	C_7 生态环境用水量比例/(%)	C_{12} 公众节水普及率/(%)	C_{13} 水利事务支出占GDP比例/(%)	C_{14} 水土治理流失率/(%)	B_2 状态
樊城区	1068.8	6.68	27.16	28.9	170.18	600	0.61	66.35	0.01	2.31	2.10
谷城县	1270.2	11.38	57.80	25	241.67	495	0.34	65.22	0.03	3.26	3.71
保康县	1131.6	24.14	59.57	23	63.53	517	0.40	78.37	0.21	5.92	3.92
宜城市	1078.7	29.51	31.82	26	123.57	492	0.40	68.16	0.02	3.24	2.95
襄城区	1138.5	15.50	39.53	77.4	157.13	555	0.20	72.14	0.01	3.17	2.57
南漳县	1149.1	21.94	55.93	29	127.58	448	0.32	73.72	0.06	3.94	3.78
老河口市	1059.5	17.01	41.35	26	111.7	600	0.58	67.29	0.01	3.09	2.61
襄州区	1014.9	7.20	36.21	25	142.01	491	0.28	52.48	0.04	4.27	2.62
枣阳市	1075.0	18.93	30.63	26	125.39	423	0.44	54.53	0.24	3.13	2.83

资料来源：作者根据"水资源安全评价"指标体系表的数据来源部分，进行相关数据收集和整理

表 4-16 襄阳城市水量关联度计算结果及排序统计表

影响因素指标组	城市蓄水压力			社会用水压力				社 会 管 理		
三级指标	C_1 多年平均降雨量	C_2 水土流失率	C_3 植被覆盖度	C_4 万元工业增加值用水量	C_5 人均居民生活用水量	C_6 亩均农业灌溉用水量	C_7 生态环境用水量比例	C_{12} 公众节水普及率	C_{13} 水利事务支出占GDP比例	C_{14} 水土流失治理率
关联度	0.834	0.914	0.925	0.804	0.823	0.850	0.795	0.894	0.618	0.903
指标组关联度	0.891			0.818				0.805		
排序	1			2				3		

注:指标组关联度为三级指标关联度加权平均值

109

4.4 襄阳城市水环境安全评价及问题识别

4.4.1 襄阳城市水环境安全评价数据收集与处理

襄阳城市水环境安全评价共涉及 9 项三级指标,其中 C_3 土地利用情况和 C_8 植被覆盖度两项为栅格数据,采用矩形分布函数直接赋值得到单因子安全评价得分。其他 7 项指标根据三角隶属函数,计算其单因子安全评价得分。

(1) 栅格指标数据收集与处理——C_3 土地利用情况

基于 Arc GIS,应用遥感卫星影像监督分类的方法,并结合襄阳市城市总体规划现状用地图,对襄阳市中心城区的土地利用情况进行分析。

首先,进行监督分类。不同的波段组合有其不同的主要用途,下载 landsat8 遥感影像图(精度为 30 m 分辨率),根据 OLI 波段合成表格,确定选取 6、5、2 标准假彩色波段组合。新建 shapefile 文件,分类选取水系、农田、绿地、城镇用地和农村居民点用地样本。在训练样本管理器中,对选择的样本进行编辑,包括样本合并、删除、标注名称、质量分析等。采用影像分类工具条中的"最大似然法"进行监督分类,得到初步用地分类的结果。

其次,进行斑块处理。通过最大似然法分类工具创建的分类影像可能会对某些单元进行错误分类并创建面积小的无效区域。为改进分类,最好对这些错误分类的单元进行重新分类,将其归入可直接包围它们的类或聚类。采用栅格综合工具箱中的"众数滤波"工具进行处理,能有效地将影像分类结果中的小斑块清除并与周边用地类型整合。

再次,进行工业用地镶嵌。将 2017 年中心城区现状用地图导入 GIS,新建 shapefile 文件绘制工业用地色块,定义坐标和投影,并通过"要素转栅格"工具,将矢量文件转化为栅格文件。采用"镶嵌至新栅格"工具将经过斑块处理的遥感解译用地分类图和工业用地栅格文件合并(表 4-17)。

最后,进行重分类,得到襄阳市中心城区土地利用情况安全评价图(图 4-41)。

表 4-17 土地利用情况划分表

分类	工业生产用地 (赋值为 1)	生活用地 (赋值为 2)	农业用地 (赋值为 3)	生态用地 (赋值为 5)
要素	工业用地	城镇用地、农村居民点用地	农田	水系、绿地

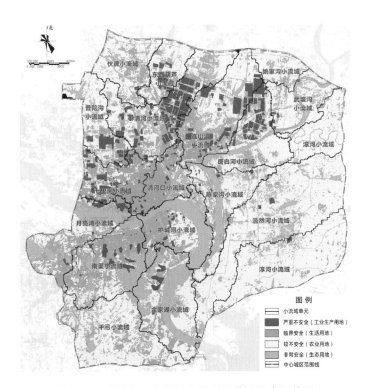

图 4-41　襄阳市中心城区土地利用情况安全评价图

根据水环境安全评价指标等级标准区间,襄阳市中心城区西部和北部的土地利用安全情况相对较差,东部地区的安全情况相对较好。统计各个小流域单元处于"非常安全、临界安全、较不安全、严重不安全"的地区的面积,其中,小清河流域范围内处于严重不安全等级的用地面积最多,达1129.77公顷(图 4-42)。

(2)栅格数据收集与处理——C_8植被覆盖度

截取市域植被覆盖度安全等级分析图的中心城区部分,将小流域单元范围线与其叠加。排除水系面积,根据水环境安全指标等级标准区间,统计各个小流域单元各等级植被覆盖度面积占比,并采用平均值法估算出其平均植被覆盖情况(图 4-43、图 4-44)。

襄阳市中心城区南部和东部的植被覆盖情况明显优于西北部地区。汉江西北部的清河口小流域,处于严重不安全植被覆盖度的面积占比远高于

111

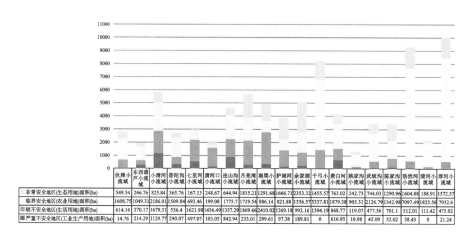

	伏牌小流域	东西葫芦小流域	小清河小流域	普陀沟小流域	七里河小流域	清河口小流域	连山沟小流域	月亮湾小流域	南渠小流域	护城河小流域	余家湖小流域	千弓小流域	唐白河小流域	姚家沟小流域	武坡沟小流域	陈家沟小流域	浩然河小流域	滚河小流域	淳河小流域
非常安全地区(生态用地)面积(ha)	549.54	266.76	825.84	365.76	167.13	248.67	644.94	1815.21	1291.68	1666.71	2353.32	1455.57	763.02	242.73	744.03	1290.96	1604.88	188.91	1572.57
临界安全地区(农业用地)面积(ha)	1608.75	1049.31	2186.01	1509.84	692.46	199.08	1775.7	1719.54	886.14	821.88	1536.57	5337.81	1879.38	905.31	2126.79	1342.98	7097.49	1825.56	7932.6
较不安全地区(生活用地)面积(ha)	614.16	370.17	1679.31	536.4	1621.98	1436.49	1357.29	1869.66	2410.02	1269.18	992.16	1394.19	868.77	119.07	477.36	701.1	512.01	111.42	475.02
严重不安全地区(工业生产用地)面积(ha)	14.76	214.29	1129.77	290.07	497.07	103.05	842.94	233.01	299.61	97.38	189.81	0	616.95	10.98	45.09	52.02	38.43	0	21.24

图 4-42 襄阳市中心城区各小流域土地利用安全评价各等级面积统计图

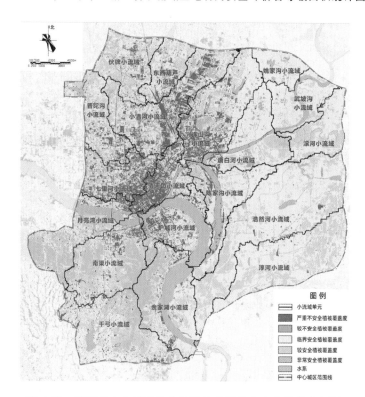

图 4-43 襄阳市中心城区各小流域植被覆盖度安全等级分析图

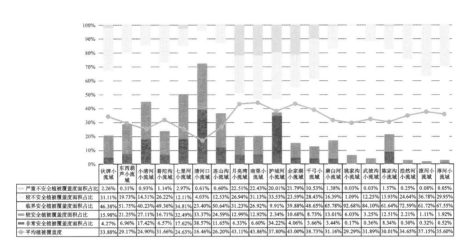

	伙牌小流域	东西葫芦小流域	小清河小流域	普陀沟小流域	七里河小流域	清河口小流域	连山沟小流域	月亮湾小流域	南渠小流域	护城河小流域	余家湖小流域	千弓小流域	唐白河小流域	姚家沟小流域	武坡沟小流域	陈家沟小流域	浩然河小流域	滚河小流域	淳河小流域
严重不安全植被覆盖度面积占比	2.26%	0.31%	0.93%	1.14%	2.97%	0.61%	0.60%	22.51%	22.43%	20.01%	21.79%	10.53%	1.38%	0.03%	0.03%	1.57%	0.25%	0.08%	0.05%
较不安全植被覆盖度面积占比	31.11%	19.73%	14.31%	26.22%	12.11%	4.03%	12.53%	26.94%	31.13%	33.53%	23.59%	28.43%	16.39%	1.09%	12.25%	15.93%	24.64%	36.78%	29.95%
临界安全植被覆盖度面积占比	46.38%	51.75%	40.23%	49.36%	34.81%	23.40%	50.64%	31.23%	26.92%	9.91%	39.88%	48.65%	65.78%	92.68%	84.10%	61.64%	72.59%	61.72%	67.55%
较安全植被覆盖度面积占比	15.98%	21.25%	27.11%	16.71%	32.49%	33.37%	24.59%	12.99%	12.92%	2.34%	10.68%	8.73%	13.01%	6.03%	3.25%	12.51%	2.21%	1.11%	1.92%
非常安全植被覆盖度面积占比	4.27%	6.96%	17.42%	6.57%	17.62%	38.57%	11.65%	6.33%	6.60%	34.22%	4.06%	3.66%	3.44%	0.17%	0.36%	8.34%	0.30%	0.32%	0.52%
平均植被覆盖度	33.88%	29.17%	24.90%	31.66%	24.63%	16.46%	26.20%	43.11%	43.86%	37.80%	43.00%	38.73%	31.16%	29.29%	31.89%	30.01%	34.65%	37.15%	35.60%

图 4-44　襄阳市中心城区各小流域各等级植被覆盖度面积占比统计图

其他小流域,占比 38.57%,其平均植被覆盖度仅为 16.46%,整体安全性较低。七里河、小清河和连山沟小流域的植被覆盖安全情况也相对不高,其平均植被覆盖度分别处于第 16 位、第 17 位、第 18 位。东西葫芦、普陀沟、伙牌小流域植被覆盖安全情况相对较好。

南部的月亮湾、南渠、护城河、余家湖、千弓小流域平均植被覆盖度普遍较高,处于较安全和非常安全等级的面积均超过 35%。但护城河小流域处于严重不安全,植被覆盖度的面积占比高达 34.22%,居于第二位。

东部地区各流域(姚家沟、陈家沟、唐白河、武坡沟、浩然河、淳河和滚河小流域)的平均植被覆盖度居中,普遍处于临界安全的状态。

(3)区域定量指标数据收集与处理

根据水环境安全评价指标各级标准区间,确定"城市水环境安全评价"各级指标标准值,计算各项单因子安全评价得分(表 4-18、表 4-19)。

表 4-18　襄阳市中心城区各区县单因子安全评价得分

区　　县	指　　标		
	C_1 城镇生活污水排放强度	C_2 万元产值污水排放量	C_9 水污染防治支出占 GDP 比例
襄城区	4.03	4.44	1.00
樊城区	1.00	1.00	1.00
襄州区	4.52	4.16	1.00

表 4-19 襄阳市中心城区各小流域单因子安全评价得分

小 流 域	指 标			
	C_4 水面率	C_5 IV 类以上水体占比	C_6 建成区污水管道密度	C_7 合流制管道占比
伙牌小流域	1.22	2.24	1.63	5.00
东西葫芦小流域	1.00	1.91	3.16	5.00
小清河小流域	1.35	1.00	1.88	5.00
普陀沟小流域	1.25	1.17	1.68	5.00
七里河小流域	1.00	1.00	2.32	4.19
清河口小流域	2.26	2.96	4.28	1.00
连山沟小流域	1.41	2.80	4.75	1.67
月亮湾小流域	5.00	5.00	4.16	5.00
南渠小流域	2.77	2.47	4.38	1.00
护城河小流域	5.00	3.72	4.19	1.00
余家湖小流域	4.84	2.39	3.36	5.00
千弓小流域	1.42	5.00	5.00	5.00
唐白河小流域	2.15	1.10	3.29	5.00
姚家沟小流域	1.30	5.00	5.00	5.00
武坡沟小流域	2.58	5.00	5.00	5.00
陈家沟小流域	5.00	3.82	1.59	5.00
浩然河小流域	2.04	2.94	4.07	5.00
滚河小流域	1.52	5.00	5.00	5.00
淳河小流域	1.39	5.00	5.00	5.00

4.4.2 襄阳城市水环境安全评价结果

（1）襄阳城市水环境"压力、状态、响应"安全评价结果

基于 Arc GIS 采用栅格计算器，将襄阳城市水环境安全评价的 10 项指标评价结果进行加权叠加，得到襄阳市中心城区水环境"压力""状态""响应"三项指标的安全评价结果（图 4-45、图 4-46）。

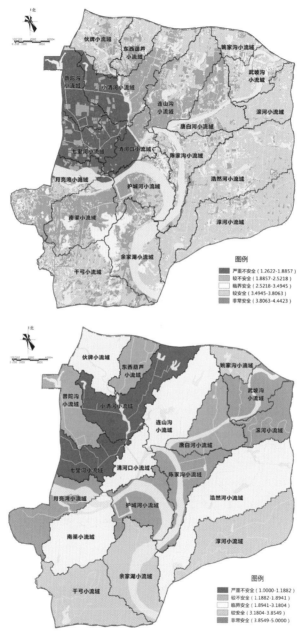

图 4-45　襄阳市中心城区"压力-状态"指标安全评价空间分析图

(上:"压力"指标安全评价;下:"状态"指标安全评价)

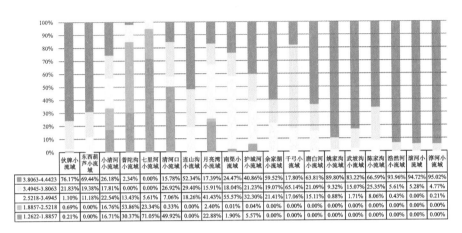

	伙牌小流域	东西葫芦小流域	小清河小流域	普陀沟小流域	七里河小流域	清河口小流域	连山沟小流域	月亮湾小流域	南渠小流域	护城河小流域	余家湖小流域	千弓小流域	唐白河小流域	姚家沟小流域	武坡沟小流域	陈家沟小流域	浩然河小流域	滚河小流域	淳河小流域
■ 3.8063-4.4423	76.17%	69.44%	26.18%	2.34%	0.00%	15.78%	52.34%	17.39%	24.47%	40.86%	59.52%	17.80%	63.81%	89.80%	83.22%	66.59%	93.96%	94.72%	95.02%
■ 3.4945-3.8063	21.83%	19.38%	17.81%	0.00%	0.00%	26.92%	29.40%	15.91%	18.04%	21.23%	19.07%	65.14%	21.09%	9.32%	15.07%	25.35%	5.61%	5.28%	4.77%
■ 2.5218-3.4945	1.10%	11.18%	22.54%	13.43%	5.61%	7.06%	18.26%	41.43%	55.57%	32.30%	21.41%	17.06%	15.11%	0.88%	1.71%	8.06%	0.43%	0.00%	0.21%
■ 1.8857-2.5218	0.69%	0.00%	16.76%	53.86%	23.34%	0.33%	0.00%	2.40%	0.01%	0.04%	0.00%	0.00%	0.00%	0.00%	0.00%	0.00%	0.00%	0.00%	0.00%
■ 1.2622-1.8857	0.21%	0.00%	16.71%	30.37%	71.05%	49.92%	0.00%	22.88%	1.90%	5.57%	0.00%	0.00%	0.00%	0.00%	0.00%	0.00%	0.00%	0.00%	0.00%

图 4-46 襄阳市中心城区各小流域"压力"指标安全评价各等级面积占比统计图

评价结果表明,襄阳市中心城区水环境压力空间分布较为集中,东西差异极大。西北部地区,大部分地区处于严重不安全和较不安全等级,尤其是樊城区范围内的小流域。樊城区是襄阳市乃至湖北省纺织产业最为密集之地,纺织工业是其传统支柱产业之一,然而纺织业是水环境污染的大户。其中,七里河、普陀沟小流域内工业企业最多,导致压力形势最为严峻,处于严重不安全和较不安全等级的区域占分别为 94.39%、84.23%,确定为"高压力小流域"(简称 GYL 小流域)。

水环境"状态"指标安全评价最低得分为 1、最高得分为 5,说明襄阳市中心城区小流域间水质污染情况差距较大。主要是因为襄阳市中心城区各产业园主要分布于七里河、小清河、普陀沟、东西葫芦以及唐白河流域。后三个单元为较不安全等级,虽然工业废水排放量大,但工业用地分布于小流域单元的中下游,且城市建设用地面积少,使得水污染河段占比略小于前两个单元,分别为 30.38%、21.15%、31.28%。前两个单元安全情况最差,确定为"低状态小流域"(简称 DZT 小流域),见图 4-47、图 4-48。

襄阳市中心城区"响应"指标安全评价结果显示,中部和西北部的安全情况相对较差。其中,研究区域中部的清河口、护城河和南渠小流域形势最为严峻,较不安全及严重不安全等级的地区面积占比高达 100%,确定为"低响应小流域"(简称 DXY 小流域)。相比其他单元,该地区人口集中、建设用地面积占比较大,导致植被面积少、水污染净化能力弱。另外,这三个单元位于老城区,污水管网建设不健全且合流制管道较多,最终导致响应能力远不及其他小流域。

图 4-47　襄阳市中心城区"响应"指标安全评价空间分析图

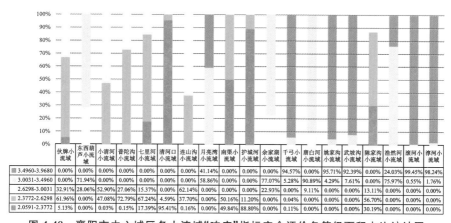

	伙牌小流域	东西葫芦小流域	小清河小流域	普陀沟小流域	七里河小流域	清河口小流域	连山沟小流域	月亮湾小流域	南湖小流域	护城河小流域	余家湖小流域	千弓小流域	唐白河小流域	姚家沟小流域	武坡沟小流域	陈家沟小流域	浩然河小流域	滚河小流域	淳河小流域
3.4960-3.9680	0.00%	0.00%	0.00%	0.00%	0.00%	0.00%	0.00%	41.14%	0.00%	0.00%	0.00%	94.57%	95.71%	0.00%	92.39%	0.00%	24.03%	99.45%	98.24%
3.0031-3.4960	0.00%	71.94%	0.00%	0.00%	0.00%	0.00%	0.00%	58.86%	0.00%	0.00%	77.07%	5.28%	90.89%	7.61%	4.29%	0.00%	75.97%	0.55%	1.76%
2.6298-3.0031	32.91%	28.06%	52.90%	27.06%	15.37%	0.00%	62.14%	0.00%	0.00%	0.00%	22.93%	0.00%	9.11%	0.00%	0.00%	13.11%	0.00%	0.00%	0.00%
2.3772-2.6298	61.96%	0.00%	47.08%	72.79%	67.24%	4.59%	37.70%	0.00%	11.20%	0.00%	0.00%	0.14%	0.00%	0.00%	0.00%	56.70%	0.00%	0.00%	0.00%
2.0591-2.3772	5.13%	0.00%	0.03%	0.15%	17.39%	95.41%	0.16%	0.00%	49.84%	88.80%	0.00%	0.11%	0.00%	0.00%	0.00%	30.19%	0.00%	0.00%	0.00%

图 4-48　襄阳市中心城区各小流域"响应"指标安全评价各等级面积占比统计图

（2）襄阳城市水环境安全综合评价结果

将襄阳市中心城区水环境"压力、状态、响应"指标的评价结果进行加权叠加，得到襄阳市中心城区水环境安全综合评价结果（图4-49）。采用自然间断点分级法，对其评价结果进行安全等级划分，并基于小流域单元进行数据计算和统计（图4-50）。

评价结果显示：襄阳市中心城区西北地区的水环境安全状况远不及东南地区，并呈现出工业聚集程度越高、人口密度越大，小流域单元安全情况就越差的特征。根据城市水环境安全综合评价中处于不同等级的地区面积占流域的比重，对襄阳市不同流域进行分类（表4-20）。

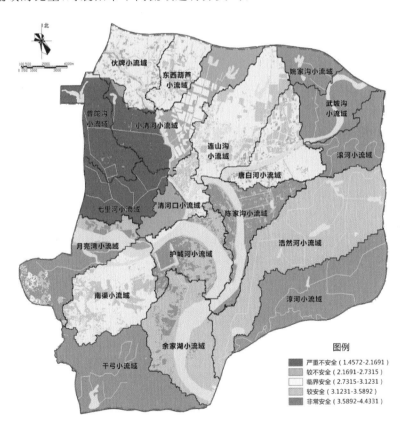

图 4-49　襄阳市中心城区各小流域水环境安全综合评价空间分析图

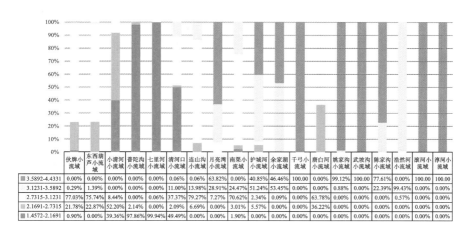

图 4-50　襄阳市中心城区各小流域水环境安全综合评价各等级面积占比统计图

表 4-20　襄阳市中心城区水环境"高安全-中安全-低安全-单项薄弱"小流域统计表

单 元 等 级	小 流 域 单 元
低安全小流域单元	七里河小流域、普陀沟小流域
中安全小流域单元	唐白河小流域、伏牌小流域、东西葫芦小流域、连山沟小流域
高安全小流域单元	千弓小流域、姚家沟小流域、武坡沟小流域、滚河小流域、淳河小流域、陈家沟小流域、余家湖小流域、浩然河小流域、月亮湾小流域
单项薄弱小流域单元	小清河小流域（DZT）、清河口小流域（DXY）、护城河小流域（DXY）、南渠小流域（DXY）

在西北片区,以樊城区水环境安全状况最差,涉及七里河、普陀沟、清河口和小清河 4 个小流域单元,尤其是七里河和普陀沟小流域 90% 以上的地区处于严重不安全等级。界限以东的地区基本处于较不安全或临界安全等级。在东南片区,各个小流域单元 90% 以上的地区处于较安全和非常安全等级。这些单元处于城市非集中建设区,建设用地面积小、人口稀少,则面临的生活和生产污水排放压力小,加上植被茂盛,拥有良好的自然本底,因而水体自净能力强,促使其安全状况较佳。

4.4.3 襄阳城市水环境安全关键问题诊断

襄阳城市水环境安全关键问题诊断的研究对象是襄阳城市水环境低安全及单项薄弱小流域单元,其影响因素指标划分为污水产生及排放风险、排水工程建设、城市污水净化能力三个指标组,进而绘制水环境安全问题诊断表(表 4-21)。

表 4-21 襄阳城市水环境低安全及单项薄弱小流域单元问题诊断表

影响因素指标组	指 标	低安全小流域		单项薄弱小流域			
				DZT	DXY	DXY	DXY
		七里河小流域	普陀沟小流域	小清河小流域	清河口小流域	护城河小流域	南渠小流域
污水产生及排放风险	C_1 城镇生活污水排放强度	1.00	1.08	3.13	—	—	—
	C_2 万元产值污水排放量	1.00	1.07	2.92	—	—	—
	C_3 土地利用情况	2.23	2.86	2.61	—	—	—
水质	C_4 水面率	1.00	1.25	1.35			
	C_5 Ⅳ类以上水体占比	1.00	1.17	1.00			
排水工程建设	C_6 建成区污水管道密度	2.32	1.68	1.88	4.28	4.19	4.38
	C_7 合流制管道占比	4.19	5.00	5.00	1.00	1.00	1.00
城市污水净化能力	C_8 植被覆盖度	2.50	2.99	2.54	1.95	3.03	3.50
	C_9 水污染防治支出占 GDP 比例	1.00	1.00	1.00	1.00	1.00	1.00

由于城市水环境安全是水质在各项威胁及维护措施的作用下,能够在相对较长的一段时间内保持水质健康的境界。通过对水环境"压力、响应"的安全情况诊断,确定导致小流域水质污染且处于低安全或单项薄弱类别的关键问题所在。

(1)襄阳城市水环境低安全小流域关键问题诊断

由诊断表可知,襄阳城市水环境各低安全小流域 C_5、C_6 指标安全评价得分均小于临界安全标准值 3,说明各小流域水质安全问题突出。由于七里河、普陀沟小流域均位于樊城区,其居住人口密集,且正重点打造高新技术产业园和航天产业园,尤其是七里河中游沿线还分布有大量纺织、化工、水泥等重工业企业,进而导致两个单元水污染压力大。伴随着污水工程建设和管理的不到位,大部分水系本身自净能力退化,水质安全情况极差。

低安全水环境小流域存在城市污水排放量及产生风险大、城市排水工程建设不完善、城市净水能力不足三类问题,其中,排水工程建设方面,由于雨污合流管道安全情况良好,需以增添污水管网为主。

(2)襄阳城市水环境单项薄弱小流域关键问题诊断

小清河小流域范围内不仅本身工业用地面积大,而且东西葫芦沟的污染水系汇入小清河,造成二次污染。清河口、护城河、南渠小流域关键问题在于排水工程建设和净水能力两个方面,此三个单元位于老城区,污水管道建设良好,但合流管道数量较多。

4.4.4　襄阳城市水质安全关键影响因素识别

通过对襄阳城市水质安全水平关键影响因素识别(表 4-22、表 4-23),计算结果显示,在三类水质安全影响因素指标组中,"城市污水净化能力"的关联度最高,说明提高对城市生活、生产等活动所产生的污水的处理能力,是改善城市水质的关键。其中,"水污染防治支出占 GDP 比例"关联度高于"植被覆盖度",说明自然界植被对水污染的净化能力弱于社会人工净化能力,增添污水处理设施、投放生物化学试剂是强有力的处理水污染的手段,前者能够极大地降低污水排入河流水系的可能,后者能够迅速地改善自然水体污染程度。另外,通过自然生态手段,即增添挺水植被带与人工浮床能在一定程度上处理城市径流污染以及江河湖库渠等自然水体的污染。

表 4-22　襄阳城市水质及其影响因素数据统计表

小流域单元	污水产生及排放风险			影响因素 污水工程建设		城市污水净化能力		水质状态
	C_1 城镇生活污水排放强度/(立方米/公顷)	C_2 万元产值污水排放量(吨)	C_3 土地利用情况	C_6 建成区污水管道密度/(千米/平方千米)	C_7 建成区合流制管道占比/(%)	C_8 植被覆盖度/(%)	C_9 水污染防治支出占GDP比例/(%)	B_2 状态
伏牌小流域	523.87	11.22	3.16	1.25	0	33.88	0.024	1.91
东西葫芦小流域	489.36	11.02	2.86	6.33	0	29.17	0.024	1.61
小清河小流域	1406.08	16.29	2.61	3.76	0	24.90	0.024	1.11
普陀沟小流域	2763.72	24.10	2.86	3.58	0	31.66	0.023	1.20
七里河小流域	2818.44	24.41	2.23	4.65	13.10	24.63	0.023	1.00
清河口小流域	1756.66	17.84	2.42	8.57	65.90	16.46	0.025	2.73
连山沟小流域	489.36	11.02	2.62	4.11	38.30	26.20	0.024	2.34
月亮湾小流域	1175.19	13.19	3.23	8.32	0	43.11	0.031	5.00
南渠小流域	814.48	10.73	2.91	8.77	56.10	43.86	0.033	2.57
护城河小流域	899.34	11.31	3.48	8.39	67.80	37.80	0.032	4.14
余家湖小流域	659.76	10.44	3.66	6.73	0	43.00	0.030	3.19
千弓小流域	734.43	10.18	3.19	—	—	38.73	0.033	3.83
唐白河小流域	489.36	11.02	2.86	6.58	3.48	31.16	0.024	1.44
姚家沟小流域	489.36	11.02	3.27	—	—	29.29	0.024	3.79
武坡沟小流域	489.36	11.02	3.27	—	—	31.89	0.024	4.20
陈家沟小流域	617.71	10.58	3.52	3.17	0	30.01	0.029	4.21
浩然河小流域	489.36	11.02	3.28	8.14	0	34.65	0.024	2.64
滚河小流域	489.36	11.02	3.13	—	—	37.15	0.024	3.86
淳河小流域	489.36	11.02	3.26	—	—	35.60	0.024	3.82

表 4-23　襄阳城市水质关联度计算结果及排序统计表

影响因素指标组	污水产生及排放风险			排水工程建设		城市污水净化能力	
三级指标	C_1 城镇生活污水排放强度	C_2 万元产值污水排放量	C_3 土地利用情况	C_6 建成区污水管道密度	C_7 合流制管道占比	C_8 植被覆盖度	C_9 水污染防治支出占GDP比例
关联度	0.730	0.775	0.853	0.823	0.600	0.835	0.851
指标组关联度	0.786			0.712		0.843	
排序	2			3		1	

注:指标组关联度为三级指标关联度加权平均值

4.5　襄阳城市水灾害安全评价及问题识别

4.5.1　襄阳城市水灾害安全评价数据收集与处理

襄阳城市水灾害安全评价共涉及 14 项三级评价指标,其中 C_3 高程、C_4 坡度、C_5 植被覆盖度和 C_{10} 易发生洪水灾害区域 4 项指标为栅格数据,其他 10 项评价指标为区域定量指标数据。两类数据分别采用赋值法和相对隶属函数法确定安全评价得分。

(1) 栅格指标数据收集与处理——C_3 高程、C_4 坡度

基于 Arc GIS 平台,采用"表面分析"工具,将从地理空间数据云下载的 30m 分辨率的襄阳 DEM 数据进行高程和坡度的分析,并根据襄阳水灾害安全评价指标等级标准区间,进行安全评价分级。

襄阳市的设防水位为 68 m,其高程分析结果表明(图 4-51),研究区域中部地区的高程相对较低,基本处于较不安全等级,少部分地带处于非常不安全和临界安全等级。研究区域西南片区的安全程度最好,北部和东部部分区域基本处于临界安全等级。根据其坡度分析结果可知(图 4-52),襄阳市中心城区西南部地区的坡度明显较大,暴雨时节易形成滑坡、坍塌、泥石流等灾害,其安全程度相对较低。其他地区坡度基本处于 $0°\sim15°$,安全情况较好。

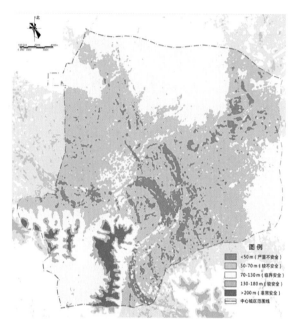

图 4-51　襄阳市中心城区高程分析图

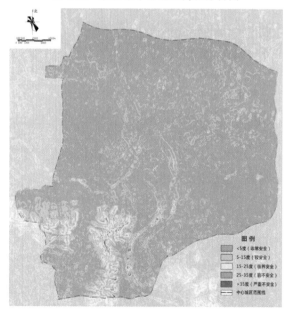

图 4-52　襄阳市中心城区坡度分析图

（2）栅格指标数据收集与处理——C_{10}易发生洪水灾害区域

一般来说,距离水系越近的地方,遭受洪水侵蚀的可能性越大。邻近的水系级别越高,即在河网中所处的地位越重要,周边地区遭受的损失也越惨重。基于襄阳市中心城区水系分布图和水灾害安全评价指标等级标准区间,绘制出襄阳市中心城区易发生洪水灾害区域安全等级分析图（图 4-53）。

图 4-53　襄阳市中心城区易发生洪水灾害区域安全等级分析图

研究区域水系丰富,各个小流域单元均面临一定程度的洪水灾害风险。分别统计 19 个小流域单元处于各个安全评价等级的地区面积（图 4-54）,其中浩然河、淳河、护城河、余家湖、陈家沟小流域处于严重不安全和较不安全,灾害发生的概率较大,东西葫芦、普陀沟、清河口、姚家沟小流域相对安全。

125

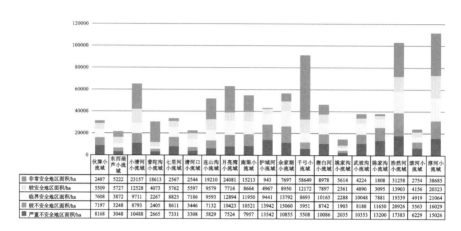

	伏牌小流域	东西葫芦小流域	小清河小流域	普陀沟小流域	七里河小流域	清河口小流域	连山沟小流域	月亮湾小流域	南渠小流域	护城河小流域	余家湖小流域	千弓小流域	唐白河小流域	姚家沟小流域	武坡沟小流域	陈家沟小流域	浩然河小流域	滚河小流域	淳河小流域
非常安全地区面积/ha	2487	5222	23157	18613	2567	2544	19210	24081	15213	943	7697	58649	8978	5614	4224	1808	31258	2754	38685
较安全地区面积/ha	5509	5727	12528	4073	5762	5597	9579	7716	8664	4967	8950	12172	7897	2361	4890	3095	13903	4156	20323
临界安全地区面积/ha	7608	3872	9711	2267	8825	7186	9593	12894	11950	9441	13792	8693	10165	2288	10048	7881	19339	4919	21064
较不安全地区面积/ha	7197	3248	8793	2405	8611	3446	7132	10423	10521	13942	15060	5951	8742	1903	8188	11650	20926	5563	16029
严重不安全地区面积/ha	8168	3048	10488	2665	7331	3308	5829	7524	7957	13542	10855	5508	10086	2035	10353	13200	17383	6229	15026

图 4-54　襄阳市中心城区各小流域易发生洪水灾害区域分级安全评价面积统计图

进而计算襄阳市中心城区各区小流域单因子安全评价得分,见表 4-24、表 4-25。

表 4-24　襄阳市中心城区各区县单因子安全评价得分

区　县	指　标				
	C_1 多年平均降雨量	C_2 降雨强度	C_8 地均GDP	C_{14} 万人医疗卫生机构床位数	C_{12} 水利事务支出占 GDP 比例
襄城区	4.15	2.26	1.71	5.00	1.00
樊城区	4.33	3.01	1.00	4.11	1.00
襄州区	4.46	3.59	3.59	1.71	1.00

资料来源:作者依据计算结果整理

表 4-25　襄阳市中心城区小流域单因子安全评价得分

小　流　域	指　标				
	C_6 建设用地面积	C_7 人口密度	C_9 内涝点分布占比	C_{11} 建成区雨水管网密度	C_{13} 建成区路网密度
伏牌小流域	4.24	4.83	5.00	1.63	2.29
东西葫芦小流域	4.33	4.30	5.00	2.16	1.63
小清河小流域	1.00	3.34	5.00	2.45	1.97

续表

小　流　域	指　　标				
	C_6 建设用地面积	C_7 人口密度	C_9 内涝点分布占比	C_{11} 建成区雨水管网密度	C_{13} 建成区路网密度
普陀沟小流域	3.90	4.27	5.00	1.79	1.79
七里河小流域	2.17	2.31	2.51	2.93	2.43
清河口小流域	2.95	1.00	1.47	2.60	2.95
连山沟小流域	2.07	3.13	5.00	3.05	2.64
月亮湾小流域	2.20	4.39	5.00	2.51	1.95
南渠小流域	1.08	2.94	5.00	2.89	2.72
护城河小流域	3.18	1.00	2.95	2.60	2.84
余家湖小流域	3.42	4.09	5.00	2.68	1.84
千弓小流域	3.14	4.90	5.00	5.00	5.00
唐白河小流域	2.98	3.83	5.00	1.94	1.31
姚家沟小流域	5.00	4.77	5.00	5.00	5.00
武坡沟小流域	4.46	4.73	5.00	5.00	5.00
陈家沟小流域	3.99	4.63	5.00	1.59	1.00
浩然河小流域	4.40	4.95	5.00	5.00	5.00
滚河小流域	5.00	4.85	5.00	5.00	5.00
淳河小流域	4.51	4.96	5.00	5.00	5.00

资料来源:作者依据计算结果整理

4.5.2　襄阳城市水灾害安全评价结果

（1）襄阳城市水灾害"压力、状态、响应"安全评价结果

将研究区域水灾害安全评价的 $C_1 \sim C_6$、$C_7 \sim C_{10}$、$C_{11} \sim C_{14}$ 指标评价结果进行加权叠加,分别得到襄阳市中心城区水灾害"压力、状态、响应"指标的安全评价结果(图 4-55~图 4-57)。

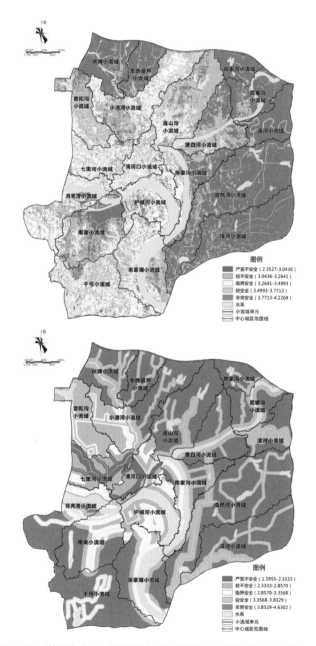

图 4-55 襄阳市中心城区"压力-状态"指标安全评价空间分析图

（上："压力"指标安全评价；下："状态"指标安全评价）

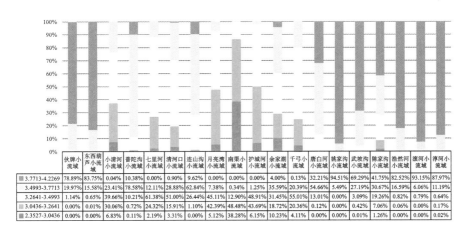

	伏牌小流域	东西葫芦小流域	小清河小流域	普陀沟小流域	七里河小流域	清河口小流域	连山沟小流域	月亮湾小流域	南渠小流域	护城河小流域	余家湖小流域	千弓小流域	唐白河小流域	姚家沟小流域	武坡沟小流域	陈家沟小流域	浩然河小流域	滚河小流域	淳河小流域
■ 3.7713-4.2269	78.89%	83.75%	0.04%	10.38%	0.00%	0.90%	9.62%	0.00%	0.00%	0.00%	4.00%	0.13%	32.21%	94.51%	69.29%	41.75%	82.52%	93.15%	87.97%
3.4993-3.7713	19.97%	15.58%	23.41%	78.58%	12.11%	28.88%	62.84%	7.38%	0.34%	1.25%	35.59%	20.39%	54.66%	5.49%	27.19%	30.67%	16.59%	6.06%	11.19%
3.2641-3.4993	1.14%	0.65%	39.66%	10.21%	61.38%	51.00%	26.44%	45.11%	12.90%	48.91%	31.45%	55.01%	13.01%	0.00%	3.09%	19.26%	0.82%	0.79%	0.64%
3.0436-3.2641	0.00%	0.01%	30.06%	0.72%	24.32%	15.91%	1.10%	42.39%	48.48%	43.69%	18.72%	20.36%	0.12%	0.00%	0.42%	7.06%	0.06%	0.00%	0.17%
■ 2.3527-3.0436	0.00%	0.00%	6.83%	0.11%	2.19%	3.31%	0.00%	5.12%	38.28%	6.15%	10.23%	4.11%	0.00%	0.00%	0.01%	1.26%	0.00%	0.00%	0.02%

图 4-56　襄阳市中心城区各小流域"压力"指标安全评价各等级面积占比统计图

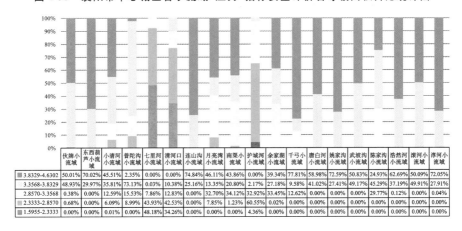

	伏牌小流域	东西葫芦小流域	小清河小流域	普陀沟小流域	七里河小流域	清河口小流域	连山沟小流域	月亮湾小流域	南渠小流域	护城河小流域	余家湖小流域	千弓小流域	唐白河小流域	姚家沟小流域	武坡沟小流域	陈家沟小流域	浩然河小流域	滚河小流域	淳河小流域
■ 3.8329-4.6302	50.01%	70.02%	45.51%	2.35%	0.00%	0.00%	74.84%	46.11%	43.86%	0.00%	39.34%	77.81%	58.98%	72.59%	50.83%	24.93%	62.69%	50.09%	72.05%
3.3568-3.8329	48.93%	29.97%	35.81%	73.13%	0.03%	10.38%	25.16%	13.35%	20.80%	2.17%	27.18%	9.58%	41.02%	27.41%	49.17%	45.29%	37.19%	49.91%	27.91%
2.8570-3.3568	0.38%	0.00%	12.59%	15.53%	7.86%	12.83%	0.00%	32.70%	34.12%	32.92%	33.45%	12.62%	0.00%	0.00%	0.00%	29.77%	0.12%	0.00%	0.04%
2.3333-2.8570	0.68%	0.00%	6.09%	8.99%	43.93%	42.53%	0.00%	7.85%	1.23%	60.55%	0.02%	0.00%	0.00%	0.00%	0.00%	0.00%	0.00%	0.00%	0.00%
■ 1.5955-2.3333	0.00%	0.00%	0.01%	0.00%	48.18%	34.26%	0.00%	0.00%	0.00%	4.36%	0.00%	0.00%	0.00%	0.00%	0.00%	0.00%	0.00%	0.00%	0.00%

图 4-57　襄阳市中心城区各小流域"状态"指标安全评价各等级面积占比统计图

　　评价结果显示,襄阳市中心城区东部及西北部各小流域单元"压力"指标安全情况明显优于其他单元。南渠、护城河、月亮湾、小清河、七里河、清河口、余家湖以及千弓小流域面临的水灾害压力相对较大,处于临界安全以下等级的面积占比都超过 50%。尤其是南渠小流域是襄城区开发建设强度最大的单元,其范围内建设用地面积广、地面硬质化程度高、绿地覆盖情况不佳,且位于岘山山脚之下,暴雨时节受到滑坡、泥石流等灾害侵袭的可能性大,导致该单元孕育洪涝灾害的风险极大,处于严重不安全和较安全等级的面积占比高达 86.76%,远超其他单元。

129

　　根据"状态"安全评价得分和空间分布情况,襄阳市中心城区大部分地区发生洪涝灾害的情况较少、受灾时损失也较小,整体安全水平较高。但七里河、清河口和护城河小流域,由于开发建设程度高,地面渗水性差、雨水管网建设密度较低等原因,导致强降雨时节容易发生涝灾,易遭受较大的人口和经济损失,相对其他单元其安全情况明显较差,均有超过 60% 的地区处于严重不安全和较不安全等级(图 4-58、图 4-59)。

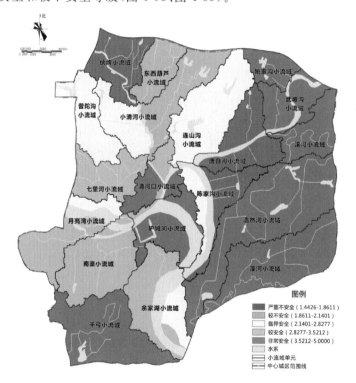

图 4-58　襄阳市中心城区"响应"指标安全评价空间分析图

　　襄阳市中心城区北部各小流域单元的恢复能力较弱。结合襄阳市中心城区空间演变过程,可知过去的几十年里,襄阳市中心城区逐步向北、向东发展、扩张,但相应的道路、医疗、雨水管道等必要的城市基础设施建设还跟不上其城市化发展的步伐,进而导致北部的水灾害"响应"能力较差。其中,伙牌、唐白河和陈家沟小流域是安全性最低的三个单元,都存在过半的地区处于严重不安全等级。

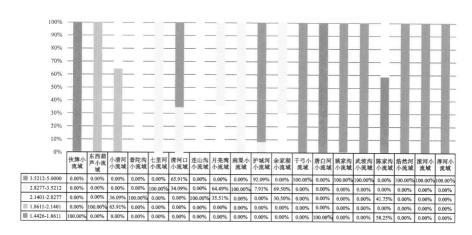

	伏牌小流域	东西葫芦小流域	小清河小流域	普陀沟小流域	七里河小流域	清河口小流域	连山沟小流域	月亮湾小流域	南渠小流域	护城河小流域	余家湖小流域	千弓小流域	唐白河小流域	姚家沟小流域	武坡沟小流域	陈家沟小流域	浩然河小流域	滚河小流域	淳河小流域
3.5212–5.0000	0.00%	0.00%	0.00%	0.00%	0.00%	65.91%	0.00%	0.00%	0.00%	92.09%	0.00%	0.00%	0.00%	100.00%	100.00%	0.00%	100.00%	100.00%	100.00%
2.8277–3.5212	0.00%	0.00%	0.00%	0.00%	100.00%	34.09%	0.00%	64.49%	100.00%	7.91%	69.50%	0.00%	100.00%	0.00%	0.00%	0.00%	0.00%	0.00%	0.00%
2.1401–2.8277	0.00%	0.00%	36.09%	100.00%	0.00%	0.00%	100.00%	35.51%	0.00%	0.00%	30.50%	0.00%	0.00%	0.00%	0.00%	41.75%	0.00%	0.00%	0.00%
1.8611–2.1401	0.00%	100.00%	63.91%	0.00%	0.00%	0.00%	0.00%	0.00%	0.00%	0.00%	0.00%	0.00%	0.00%	0.00%	0.00%	0.00%	0.00%	0.00%	0.00%
1.4426–1.8611	100.00%	0.00%	0.00%	0.00%	0.00%	0.00%	0.00%	0.00%	0.00%	0.00%	0.00%	100.00%	0.00%	0.00%	0.00%	58.25%	0.00%	0.00%	0.00%

图 4-59　襄阳市中心城区各小流域"响应"指标安全评价各等级面积占比统计图

（2）襄阳城市水灾害安全综合评价结果

将襄阳城市水灾害三项二级指标的评价结果进行加权叠加，采用自然间断点分级法，对其评价结果进行安全等级划分，得到水灾害安全评价分析图，并基于小流域单元进行数据统计（图 4-60、图 4-61）。

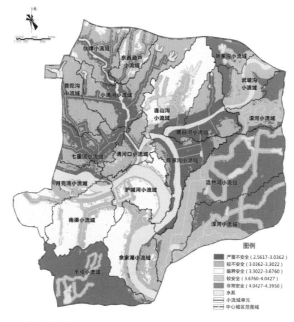

图 4-60　襄阳市中心城区各小流域水灾害安全综合评价空间分析图

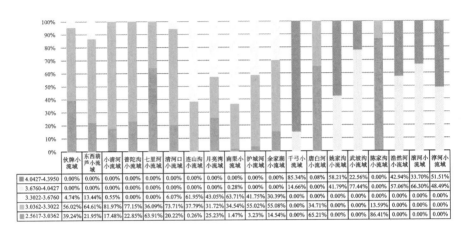

	伙牌小流域	东西葫芦小流域	小清河小流域	普陀沟小流域	七里河小流域	清河口小流域	连山沟小流域	月亮湾小流域	南渠小流域	护城河小流域	余家湖小流域	千弓小流域	唐白河小流域	姚家沟小流域	武坡沟小流域	陈家沟小流域	浩然河小流域	滚河小流域	淳河小流域
4.0427-4.3950	0.00%	0.00%	0.00%	0.00%	0.00%	0.00%	0.00%	0.00%	0.00%	0.00%	0.00%	85.34%	0.08%	58.21%	22.56%	0.00%	42.94%	33.70%	51.51%
3.6760-4.0427	0.00%	0.00%	0.00%	0.00%	0.00%	0.00%	0.00%	0.28%	0.00%	0.00%	0.00%	14.66%	0.00%	41.79%	77.44%	0.00%	57.06%	66.30%	48.49%
3.3022-3.6760	4.74%	13.44%	0.55%	0.00%	0.00%	6.07%	61.95%	43.05%	63.71%	41.75%	30.39%	0.00%	0.00%	0.00%	0.00%	13.59%	0.00%	0.00%	0.00%
3.0362-3.3022	56.02%	64.61%	81.97%	77.15%	36.09%	73.71%	37.79%	31.72%	34.54%	55.02%	55.08%	0.00%	34.71%	0.00%	0.00%	0.00%	0.00%	0.00%	0.00%
2.5617-3.0362	39.24%	21.95%	17.48%	22.85%	63.91%	20.22%	0.26%	25.23%	1.47%	3.23%	14.54%	0.00%	65.21%	0.00%	0.00%	86.41%	0.00%	0.00%	0.00%

图 4-61　襄阳市中心城区各小流域水灾害安全综合评价各等级面积占比统计图

评价结果显示:各地区安全评价得分均高于 2.5,说明襄阳市中心城区整体水灾害安全整体情况较好。其中陈家沟、唐白河、七里河 3 个小流域均有超过 60% 的地区处于严重不安全等级,为低安全小流域单元。其中,陈家沟和唐白河小流域情况相似,位于集中建成区的拓展区域,孕灾环境威胁较少,但仍要通过加强水患防治力度来进一步降低城市水患发生情况。七里河小流域是樊城发展的核心地段之一,处于严重不安全或较不安全等级,需要加强水系统综合整治的力度。各流域的评价分类见表4-26。

表 4-26　襄阳市中心城区水灾害"高安全-中安全-低安全-单项薄弱"小流域统计表

单 元 等 级	小流域名称
低安全小流域单元	陈家沟小流域、七里河小流域、唐白河小流域
中安全小流域单元	普陀沟小流域、小清河小流域、东西葫芦小流域、余家湖小流域、月亮湾小流域、连山沟小流域
高安全小流域单元	千弓小流域、姚家沟小流域、淳河小流域、浩然河小流域、滚河小流域、武坡沟小流域
单项薄弱小流域单元	南渠小流域(GYL)、清河口小流域(DZT)、护城河小流域(DZT)、伙牌小流域(DXY)

4.5.3　襄阳城市水灾害安全关键问题诊断

梳理水灾害低安全及单项薄弱小流域单元各三级指标安全评价得分,

将水患的影响因素划分为基本孕灾环境、防洪排涝工程设施建设、社会救援能力三个指标组,绘制水灾害安全问题诊断表(表 4-27)。

表 4-27　襄阳城市水灾害低安全及单项薄弱小流域单元问题诊断表

影响因素指标组	指　　标	低安全小流域			单项薄弱小流域			
					GYL	DZT	DZT	DXY
		陈家沟小流域	唐白河小流域	七里河小流域	南渠小流域	清河口小流域	护城河小流域	伙牌小流域
基本孕灾环境	C_1 多年平均降雨量	4.30	4.46	4.33	4.16	4.33	4.16	—
	C_2 降雨强度	2.89	3.59	3.01	2.26	3.01	2.26	—
	C_3 高程	1.77	2.23	2.00	3.88	2.20	2.68	—
	C_4 坡度	4.76	4.80	4.88	2.97	4.74	4.24	—
	C_5 植被覆盖度	2.90	2.99	2.50	3.50	1.95	2.93	—
	C_6 建设用地面积	3.99	2.98	2.17	1.08	2.95	3.18	—
水患	C_7 人口密度	4.63	3.83	2.31	—	1.00	1.00	—
	C_8 地均 GDP	2.61	3.59	1.00	—	1.85	1.65	—
	C_9 内涝点分布占比	2.17	2.93	2.81	—	1.47	2.95	—
	C_{10} 易发生洪水灾害区域	3.02	3.51	3.42	—	3.86	3.11	—
防洪排涝工程设施建设	C_{11} 建成区雨水管网密度	1.59	1.94	2.93	—	2.60	2.60	1.63
	C_{12} 水利事务支出占 GDP 比例	1.00	1.00	1.00	—	1.00	1.00	1.00

续表

影响因素指标组	指　　标	低安全小流域			单项薄弱小流域			
					GYL	DZT	DZT	DXY
		陈家沟小流域	唐白河小流域	七里河小流域	南渠小流域	清河口小流域	护城河小流域	伙牌小流域
社会救援能力	C_{13}建成区路网密度	1.00	1.31	2.43	—	2.95	2.84	2.29
	C_{14}万人医疗卫生机构床位数	2.43	1.71	4.11	—	3.64	4.93	1.75

由于城市水灾害安全是在各项威胁及维护措施的作用下,能够在相对较长的一段时间内保证水患发生和破坏较少的境界。通过对水灾害"压力、响应"的安全情况诊断,确定导致小流域水患较多且处于低安全或单项薄弱类别的关键问题所在。

在水患方面,低安全单元的"易发生洪水灾害区域"得分略高于3,而"内涝点分布占比"得分均小于3,说明陈家沟、唐白河、七里河小流域洪水灾害威胁较少,但内涝灾害较为严重。导致襄阳城市水灾害低安全小流域水患产生及其危害影响程度的关键问题均涉及基本孕灾环境、防洪排涝工程设施建设、社会救援能力三个方面。分流域来看,清河口、护城河小流域、南渠小流域、伙牌小流域水灾害安全问题突出。

4.5.4　襄阳城市水患安全关键影响因素识别

通过对襄阳水患安全水平关键影响因素统计与计算(表 4-28、表 4-29),结果显示,"基本孕灾环境"的关联度最高,说明从危害源头来适当调节和控制,能更有效地减少水患及其负面影响。随着城市的逐步扩张,对于生态绿地的侵占愈发严重,城市硬质化程越来越高,基本孕灾环境带来的压力成为造成城市水患形成和恶化的关键影响因素。

表 4-28　襄阳城市水患及其影响因素数据统计表

小流域单元	影响因素										水患
	基本孕灾环境						防洪排涝工程设施建设		社会救援能力		
	C_1 多年平均降雨量/mm	C_2 降雨强度/(mm/d)	C_3 高程	C_4 坡度	C_5 植被覆盖度/(%)	C_6 建设用地面积/(公顷)	C_{11} 建成区雨水管网密度/(千米/平方千米)	C_{12} 水利工程建设支出占GDP比例/(%)	C_{13} 建成区路网密度/(千米/平方千米)	C_{14} 万人医疗卫生机构床位数/(张/万人)	B_2 状态
伏牌小流域	1015.70	10.92	2.53	4.85	33.88	628.92	1.25	0.04	4.58	42.49	3.90
东西葫芦小流域	1014.90	10.91	2.75	4.89	29.17	584.46	2.33	0.04	3.26	42.13	4.04
小清河小流域	1036.12	11.14	2.51	4.88	24.90	2809.08	2.91	0.03	3.94	51.58	3.68
普陀沟小流域	1067.53	11.48	2.27	4.89	31.66	826.47	1.55	0.01	3.57	65.58	3.32
七里河小流域	1068.80	11.49	2.00	4.88	24.63	2119.05	3.85	0.01	4.86	66.14	1.71
清河口小流域	1068.61	11.49	2.20	4.74	16.46	1539.54	5.13	0.02	5.89	65.38	1.95
连山沟小流域	1014.90	10.91	2.63	4.61	26.20	2200.23	4.11	0.04	5.27	42.13	4.07
月亮湾小流域	1123.76	12.08	3.64	3.69	43.11	2102.67	3.02	0.01	3.89	88.03	3.54
南渠小流域	1135.82	12.21	3.88	2.97	43.86	2709.63	3.77	0.01	5.43	92.83	3.68

续表

小流域单元	基本孕灾环境						防洪排涝工程设施建设		社会救援能力		水患
	C_1 多年平均降雨量/mm	C_2 降雨强度/(mm/d)	C_3 高程	C_4 坡度	C_5 植被覆盖度/(%)	C_6 建设用地面积/(公顷)	C_{11} 建成区雨水管网密度/(千米/平方千米)	C_{12} 水利工程建设支出占GDP比例/(%)	C_{13} 建成区路网密度/(千米/平方千米)	C_{14} 万人医疗卫生机构床位数/(张/万人)	B_2 状态
护城河小流域	1132.98	12.18	2.68	4.24	29.80	1366.56	5.19	0.01	5.67	91.70	1.90
余家湖小流域	1100.84	11.83	3.27	2.78	43.00	1181.97	3.35	0.02	3.68	78.13	3.68
千弓小流域	1138.50	12.24	4.02	2.46	38.73	1394.19	—	0.01	—	93.9	4.03
唐白河小流域	1014.90	10.91	2.23	4.80	31.16	1485.72	1.88	0.04	2.62	42.13	3.97
姚家沟小流域	1014.90	10.91	2.54	4.57	29.29	130.05	—	0.04	—	42.13	4.06
武坡沟小流域	1014.90	10.91	2.36	4.52	31.89	522.45	—	0.04	—	42.13	3.92
陈家沟小流域	1079.63	11.61	1.77	4.76	30.01	753.12	1.17	0.02	1.55	69.24	3.61
浩然小流域	1014.90	10.91	2.12	4.78	34.65	550.44	—	0.04	—	42.13	3.99
滚河小流域	1014.90	10.91	2.03	4.86	37.15	111.42	—	0.04	—	42.13	3.91
淳河小流域	1014.90	10.91	2.17	4.32	35.60	496.26	—	0.04	—	42.13	4.05

影响因素

表 4-29　襄阳城市水患关联度计算结果及排序统计表

影响因素指标组	基本孕灾环境						防洪排涝工程设施建设		社会救援能力	
三级指标	C_1 多年平均降雨量	C_2 降雨强度	C_3 高程	C_4 坡度	C_5 植被覆盖度	C_6 建设用地面积	C_{11} 建成区雨水管网密度	C_{12} 水利事务支出占GDP比例	C_{13} 建成区路网密度	C_{14} 万人医疗卫生机构床位数
关联度	0.706	0.724	0.616	0.692	0.794	0.735	0.628	0.650	0.691	0.609
指标组关联度	0.711						0.639		0.650	
排序	1						2		3	

注:指标组关联度为三级指标关联度加权平均值

4.6　襄阳城市水生态安全评价及问题识别

4.6.1　襄阳城市水生态安全评价数据收集与处理

襄阳城市水生态安全评价共涉及 10 项评价三级指标,其中 C_1 水质情况、C_3 护岸形式、C_4 河床稳定性、C_6 水生植物结构完整性和 C_7 水生动物生存情况五项指标数据属于定性指标数据,C_5 水岸带植被覆盖度指标数据属于 30 m×30 m 的栅格数据,该 6 项指标采用矩形分布函数直接赋值得到单因子安全评价得分。其余 4 项指标根据三角隶属函数,计算其单因子安全评价得分。

(1)定性指标数据收集与处理

根据襄阳市水资源公报和现场勘查判别,得到襄阳市中心城区各小流域水质情况安全评价及示意图(图 4-62)。其中汉江-唐白河连线以南的地区,各水系整体水质情况明显优于以北地区。襄阳九水中,汉江、护城河、淳河、滚河的水质情况较好,唐白河水质为临界安全等级,南渠、小清河和浩然河部分河段为较不安全等级,其他河段基本处于临界安全等级。然而,七里河和连山沟的水质情况较差,七里河小流域处于严重不安全和较不安全等级的河段占比超过 70%,远高于其他单元(表 4-30)。

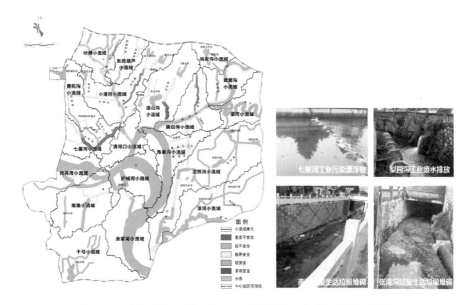

图 4-62 襄阳市中心城区各小流域水质情况安全评价及示意图

表 4-30 襄阳市中心城区各小流域水质非常不安全及较不安全的水系基本情况

安全等级	小流域单元	水系名称及涉及河段	污 染 原 因
非常不安全	七里河小流域	七里河中游、下游	沿线零散分布有纺织、化工、水泥等重工业企业
	小清河小流域	顺正河中游、下游	位于汽车产业园,工业污染排放监管和治理力度不足
	唐白河小流域	梨园沟	位于深圳产业园,工业污染排放监管和治理力度不足
	连山沟小流域	张湾沟	生活垃圾的严重堆积、河道积淤以及建筑废水的随意排放

续表

安全等级	小流域单元	水系名称及涉及河段	污 染 原 因
较不安全	伙牌小流域	水系1	生活垃圾堆积,积淤,缺乏管理
	南渠小流域	南渠上游	
	东西葫芦小流域	东西湖沟下游	沿线有少量污染工业企业
	余家湖小流域	南渠下游	
	普陀沟小流域	普陀沟下游	
	清河口小流域	小清河上游	七里河严重污染,汇入小清河,导致汇水口附近水质污染
	陈家沟小流域	高排河上游	周边正开发建设,建设过程中缺乏对水质的保护,建筑垃圾随意堆砌及废水排放
	浩然河小流域	浩然河下游	该河段河道较窄,水量较少,水体自净能力较差且上游流经成片的农田,产生大量农业污染,农药、化肥的施用、土壤流失和农业废弃物加重污染情况

襄阳市中心城区集中建成区各河段的硬质化程度较高(图 4-63),说明城市的建设对自然生态的破坏较为严重。过度硬质化的河道环境极大地阻碍了水体与水生生物的交流,割裂了土壤与水体之间的联系和物质交换,使河道处于封闭状态,破坏了界面的生态平衡。在保证防洪要求的前提下,需适当破除硬质化、恢复生态环境。

除各大水库外,襄阳中心城区的水生植物结构完整性普遍较低(图 4-64)。水生植物的多样化和层次化不仅能丰富物种,还能增添城市水景的美感。另外,在水生动物生存情况及河床稳定性方面(图 4-65),汉江、淳河、滚河以及水库安全情况较佳,其他水系均有待提升。

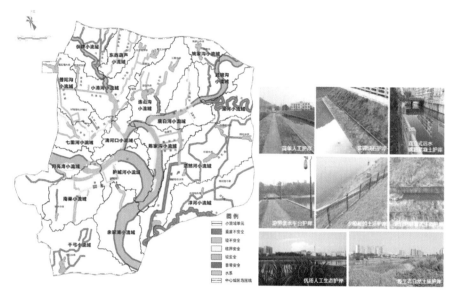

图 4-63　襄阳市中心城区各小流域护岸形式安全评价及各类护岸形式示意图

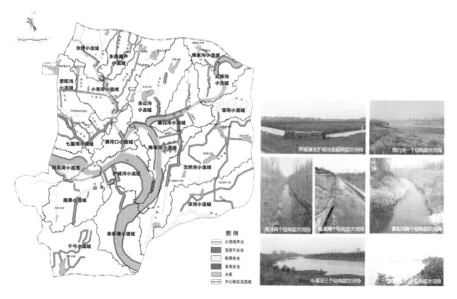

图 4-64　襄阳市中心城区各小流域水生植物结构完整性安全评价及示意图

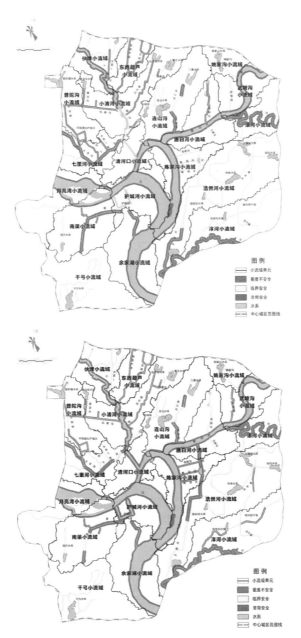

图 4-65　襄阳市中心城区各小流域水生动物生存情况及河床稳定性安全评价图

（上：水生动物生存情况；下：河床稳定性）

141

（2）栅格指标数据收集与处理——C_5 植被覆盖度

提取襄阳市中心城区各水系核心缓冲区的植被覆盖度空间数据,得到水岸带植被覆盖度安全等级划分图(图 4-66)。城市集中建成区的水岸带植被覆盖度安全情况相对较差,尤其是人口最为密集、开发强度最高的护城河、清河口和七里河小流域,各小流域单元内超过 50% 的河段处于严重不安全和较不安全等级。远离城市集中建成区的滚河、千弓、浩然河和淳河小流域植被生长情况良好,超过 40% 的水岸带植被覆盖度处于非常安全和较安全等级(图 4-67)。

图 4-66　襄阳市中心城区各小流域植被覆盖度安全评价图

（3）区域定量指标数据收集与处理

基于研究区水生态安全评价指标的各级评价划分标准,取中值为确定"城市水生态安全评价"指标标准值,并划分单因子安全评价等级,进而计算

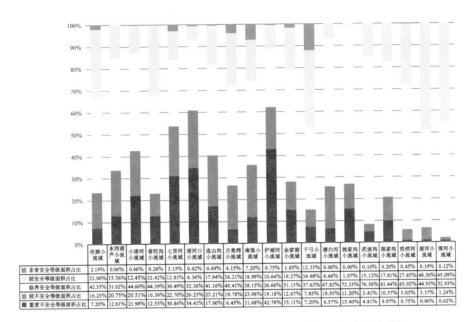

	伙牌小流域	东西葫芦小流域	小清河小流域	普陀沟小流域	七里河小流域	清河口小流域	连山坳小流域	月亮湾小流域	南渠小流域	护城河小流域	余家湖小流域	千弓小流域	唐白河小流域	姚家沟小流域	武坡沟小流域	陈家沟小流域	岵然河小流域	滚河小流域	淳河小流域
■ 非常安全等级面积占比	2.19%	0.06%	0.46%	0.26%	3.15%	0.62%	0.69%	4.15%	7.20%	0.75%	1.85%	12.33%	0.00%	0.00%	0.10%	0.20%	0.45%	0.19%	0.12%
■ 较安全等级面积占比	32.00%	15.36%	12.45%	32.42%	12.83%	6.36%	17.94%	24.21%	18.99%	10.64%	19.27%	34.98%	6.66%	1.07%	15.12%	17.81%	27.85%	48.50%	45.09%
■ 临界安全等级面积占比	42.35%	51.02%	44.60%	44.39%	30.49%	32.36%	41.16%	45.41%	38.15%	26.66%	51.11%	37.63%	67.82%	72.33%	76.56%	61.44%	65.92%	44.93%	52.93%
■ 较不安全等级面积占比	16.25%	20.75%	20.51%	10.39%	22.70%	26.25%	23.21%	19.78%	23.98%	19.18%	12.67%	7.85%	18.95%	11.20%	3.41%	10.57%	5.03%	5.57%	1.24%
■ 重度不安全等级面积占比	7.20%	12.81%	21.98%	12.53%	30.84%	34.41%	17.00%	6.45%	11.68%	42.78%	15.11%	7.20%	6.57%	15.40%	4.81%	9.97%	0.75%	0.80%	0.62%

图 4-67　襄阳市中心城区各小流域植被覆盖各等级面积占比统计图

襄阳市中心城区各评价单元单因子相对隶属度和评价得分(表 4-31、表 4-32)。

表 4-31　襄阳市中心城区各区县单因子安全评价得分

区　　　县	指　　　标
	C_9 环保投资占 GDP 比例/(%)
襄城区	1.38
樊城区	1.02
襄州区	1.26

表 4-32　襄阳市中心城区小流域县单因子安全评价得分

小　流　域	指　　　标		
	C_2 人口密度	C_8 生态景观公众满意度	C_{10}公众水生态保护意识情况
伙牌小流域	4.83	3.41	3.15
东西葫芦小流域	4.30	1.94	2.86

小 流 域	指 标		
	C_2 人口密度	C_8 生态景观公众满意度	C_{10} 公众水生态保护意识情况
小清河小流域	3.34	3.15	2.36
普陀沟小流域	4.27	3.07	3.61
七里河小流域	2.31	3.40	2.59
清河口小流域	1.00	3.21	3.24
连山沟小流域	3.13	2.85	3.58
月亮湾小流域	4.39	4.28	4.54
南渠小流域	2.94	3.08	4.09
护城河小流域	1.00	4.42	4.38
余家湖小流域	4.09	1.75	3.09
千弓小流域	4.90	3.83	3.27
唐白河小流域	3.83	2.99	2.15
姚家沟小流域	4.77	2.47	3.66
武坡沟小流域	4.73	2.07	4.04
陈家沟小流域	4.63	4.59	4.19
浩然河小流域	4.95	3.75	3.60
滚河小流域	4.85	3.26	4.06
淳河小流域	4.96	3.55	3.95

4.6.2　襄阳城市水生态安全评价结果

（1）襄阳城市水生态"压力、状态、响应"安全评价结果

将 $C_1 \sim C_4$、$C_5 \sim C_8$、$C_9 \sim C_{10}$ 指标分别进行加权叠加，并通过自然间断点分级法进行安全等级划分。评价结果显示（图 4-68、图 4-69、图 4-70），襄阳市中心城区汉江-唐白河连线以北的水系统生态安全较低，尤其是七里河和清河口小流域，处于严重不安全和较不安全等级的河段分别达 60%、44.57%，其他河段处于临界安全等级。两个小流域为樊城核心建设地带，人口密度高、建设强度大。

在水生态"状态"安全评价方面，东西葫芦小流域位于集中建成区的边缘地带，公众环保意识和政府所采取的保护力度较小且工业用地较多，导致其水生态安全"状态"评价得分最低，98.33% 的河段为严重不安全等级。

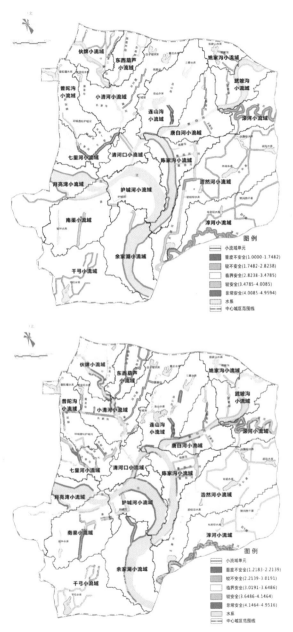

图 4-68　襄阳市中心城区"压力-状态"指标安全评价空间分析图

（上："压力"指标安全评价；下："状态"指标安全评价）

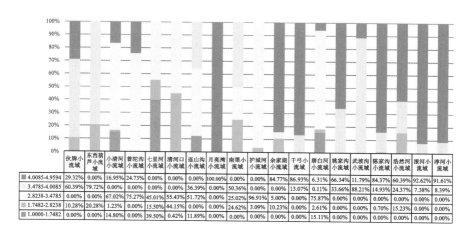

	伏牌小流域	东西葫芦小流域	小清河小流域	普陀沟小流域	七里河小流域	清河口小流域	连山沟小流域	月亮湾小流域	南渠小流域	护城河小流域	余家湖小流域	千弓小流域	唐白河小流域	姚家沟小流域	武坡沟小流域	陈家沟小流域	浩然河小流域	滚河小流域	淳河小流域
4.0085-4.9594	29.32%	0.00%	16.95%	24.73%	0.00%	0.00%	0.00%	100.00%	0.00%	0.00%	84.77%	86.93%	6.31%	66.34%	11.79%	84.37%	60.39%	92.62%	91.61%
3.4785-4.0085	60.39%	79.72%	0.00%	0.00%	0.00%	0.00%	36.39%	0.00%	50.36%	0.00%	0.00%	13.07%	0.11%	33.66%	88.21%	14.93%	24.37%	7.38%	8.39%
2.8238-3.4785	0.00%	0.00%	67.02%	75.27%	45.01%	55.43%	51.72%	0.00%	25.02%	96.91%	5.00%	0.00%	75.87%	0.00%	0.00%	0.00%	0.00%	0.00%	0.00%
1.7482-2.8238	10.28%	20.28%	1.23%	0.00%	15.50%	44.15%	0.00%	0.00%	24.62%	3.09%	10.23%	0.00%	2.61%	0.00%	0.00%	0.70%	15.23%	0.00%	0.00%
1.0000-1.7482	0.00%	0.00%	14.80%	0.00%	39.50%	0.42%	11.89%	0.00%	0.00%	0.00%	0.00%	0.00%	15.11%	0.00%	0.00%	0.00%	0.00%	0.00%	0.00%

图 4-69 襄阳市中心城区各小流域"压力"指标安全评价各等级面积占比统计图

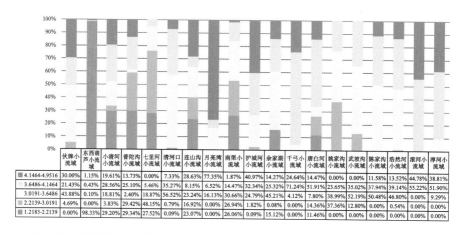

	伏牌小流域	东西葫芦小流域	小清河小流域	普陀沟小流域	七里河小流域	清河口小流域	连山沟小流域	月亮湾小流域	南渠小流域	护城河小流域	余家湖小流域	千弓小流域	唐白河小流域	姚家沟小流域	武坡沟小流域	陈家沟小流域	浩然河小流域	滚河小流域	淳河小流域
4.1464-4.9516	30.00%	1.15%	19.61%	13.73%	0.00%	7.33%	28.63%	77.35%	1.87%	40.97%	14.27%	24.64%	14.47%	0.00%	0.00%	11.58%	13.52%	44.78%	38.81%
3.6486-4.1464	21.43%	0.43%	28.56%	25.10%	5.46%	35.27%	8.15%	6.52%	14.47%	32.34%	25.32%	71.24%	51.91%	23.65%	35.02%	37.94%	39.14%	55.22%	51.90%
3.0191-3.6486	43.88%	0.10%	18.81%	2.40%	18.87%	56.52%	23.24%	16.13%	30.66%	24.79%	45.21%	4.12%	7.80%	38.99%	52.19%	50.48%	46.80%	0.00%	9.29%
2.2139-3.0191	4.69%	0.00%	3.83%	29.42%	48.15%	0.79%	16.92%	0.00%	26.94%	1.82%	0.08%	0.00%	14.36%	37.36%	12.80%	0.00%	0.54%	0.00%	0.00%
1.2183-2.2139	0.00%	98.33%	29.20%	29.34%	27.52%	0.09%	23.07%	0.00%	26.06%	0.09%	15.12%	0.00%	11.46%	0.00%	0.00%	0.00%	0.00%	0.00%	0.00%

图 4-70 襄阳市中心城区各小流域"状态"指标安全评价各等级面积占比统计图

襄阳市中心城区各小流域水生态"响应"指标安全评价得分普遍较低（图4-71、图4-72），介于1.7306～2.6851。2014年，襄阳市进行了水生态文明建设，适当地提高了人们的水安全保护意识。但小清河、七里河、东西葫芦和唐白河小流域范围内工业企业较多，环保监管力度还有待加强。月亮湾、护城河和陈家沟小流域的安全情况相对较好，其范围内分别建有大型的湿地公园、环城公园以及岘山风景区，是襄阳重要的文化旅游景点所在地，环境监管力度较高、居民的生态保护意识较强。

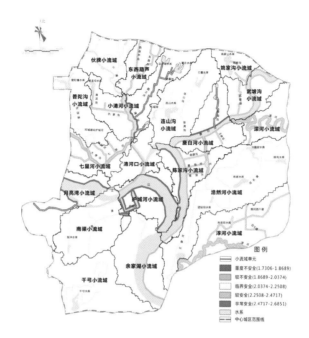

图 4-71 襄阳市中心城区"响应"指标安全评价空间分析图

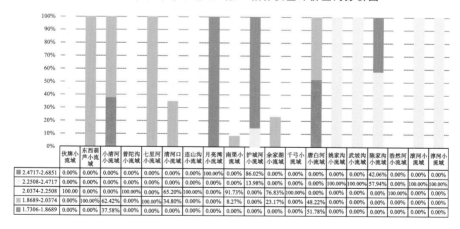

	伏牌小流域	东西葫芦小流域	小清河小流域	普陀沟小流域	七里河小流域	清河口小流域	连山沟小流域	月亮湾小流域	南渠小流域	护城河小流域	余家湖小流域	千弓小流域	唐白河小流域	姚家沟小流域	武坡沟小流域	陈家沟小流域	浩然河小流域	滚河小流域	淳河小流域
2.4717-2.6851	0.00%	0.00%	0.00%	0.00%	0.00%	0.00%	0.00%	100.00%	0.00%	86.02%	0.00%	0.00%	0.00%	0.00%	0.00%	42.06%	0.00%	0.00%	0.00%
2.2508-2.4717	0.00%	0.00%	0.00%	0.00%	0.00%	0.00%	0.00%	0.00%	13.98%	0.00%	0.00%	0.00%	0.00%	100.00%	100.00%	57.94%	0.00%	100.00%	100.00%
2.0374-2.2508	100.00	0.00%	0.00%	100.00%	0.00%	65.20%	100.00%	0.00%	91.73%	0.00%	76.83%	100.00%	0.00%	0.00%	0.00%	0.00%	100.00%	0.00%	0.00%
1.8689-2.0374	0.00%	100.00%	62.42%	0.00%	100.00%	34.80%	0.00%	0.00%	8.27%	0.00%	23.17%	0.00%	48.22%	0.00%	0.00%	0.00%	0.00%	0.00%	0.00%
1.7306-1.8689	0.00%	0.00%	37.58%	0.00%	0.00%	0.00%	0.00%	0.00%	0.00%	0.00%	0.00%	0.00%	51.78%	0.00%	0.00%	0.00%	0.00%	0.00%	0.00%

图 4-72 襄阳市中心城区各小流域"响应"指标安全评价各等级面积占比统计图

（2）襄阳城市水生态安全综合评价结果

将城市水生态"压力""状态""响应"安全评价结果加权叠加，采用自然间断点分级法，对其评价结果进行安全等级划分，并基于小流域单元进行数据计算和统计（图 4-73、图 4-74、表 4-33）。评价结果显示，东西葫芦和七里河小流域超过80％的河段为严重不安全和较不安全等级，确定为低安全小流域。月亮湾、千弓、滚河、淳河和陈家沟小流域由于远离城市集中建成区，各项社会活动对水生动植物成长的负面干扰较少，水系驳岸原生态的自然景观也较好，且人们对于水生态的保护意识较高，80％的河段处于较安全和非常安全等级，确定为高安全评价单元。

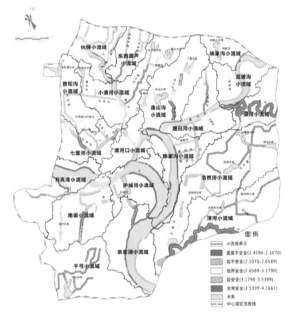

图 4-73　襄阳市中心城区各小流域水生态安全综合评价空间分析图

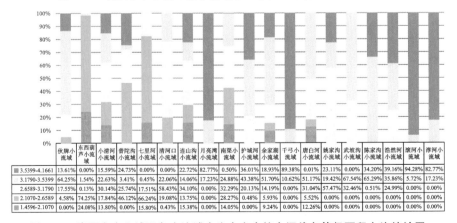

	伏牌小流域	东西葫芦小流域	小清河小流域	普陀沟小流域	七里河小流域	清河口小流域	连山沟小流域	月亮湾小流域	南渠小流域	护城河小流域	余家湖小流域	千弓小流域	唐白河小流域	姚家沟小流域	武坡沟小流域	陈家沟小流域	浩然河小流域	滚河小流域	淳河小流域
3.5399-4.1661	13.61%	0.00%	15.59%	24.73%	0.00%	22.72%	23.11%	82.77%	0.50%	36.01%	18.93%	89.38%	0.01%	23.11%			34.20%	39.16%	94.28%	82.77%
3.1790-3.5399	64.25%	1.54%	22.63%	3.41%	0.45%	22.06%	14.06%	17.23%	24.88%	43.38%	51.70%	10.62%	51.17%	19.42%	67.54%	65.29%	35.86%	5.72%	17.23%
2.6589-3.1790	17.55%	0.13%	30.14%	25.74%	17.51%	58.43%	34.10%	0.00%	32.29%	20.13%	14.19%	0.00%	31.04%	57.47%	32.46%	0.51%	24.99%	0.00%	0.00%
2.1070-2.6589	4.58%	74.25%	17.84%	46.12%	66.24%	19.08%	13.75%	0.00%	28.27%	0.48%	5.93%	0.00%	5.52%	0.00%	0.00%	0.00%	0.00%	0.00%	0.00%
1.4596-2.1070	0.00%	24.08%	13.80%	0.00%	15.80%	0.43%	15.38%	0.00%	14.05%	0.00%	9.24%	0.00%	12.26%	0.00%	0.00%	0.00%	0.00%	0.00%	0.00%

图 4-74　襄阳市中心城区各小流域水生态安全综合评价各等级面积占比统计图

表 4-33　襄阳市中心城区水生态"高安全-中安全-低安全-单项薄弱"小流域统计表

单 元 等 级	小流域名称
低安全小流域单元	东西葫芦小流域、七里河小流域
中安全小流域单元	伙牌小流域、东西葫芦小流域、连山沟小流域、南渠小流域、姚家沟小流域、武坡沟小流域、余家湖小流域、浩然河小流域、护城河小流域
高安全小流域单元	滚河小流域、千弓小流域、月亮湾小流域、淳河小流域、陈家沟小流域
单项薄弱小流域单元	清河口小流域（GYL）、小清河小流域（DXY）、唐白河小流域（DXY）

4.6.3　襄阳城市水生态安全关键问题诊断

梳理水生态低安全及单项薄弱小流域单元各三级指标安全评价得分，将水活力的影响因素划分为河道基本情况、社会破坏能力、水生环境保护与管理力度三个指标组，并绘制水生态安全问题诊断表（表 4-34）。

表 4-34　襄阳城市水生态低安全及单项薄弱小流域单元问题诊断表

分类	指　　标	低安全小流域		单项薄弱小流域		
				GYL	DXY	DXY
		东西葫芦小流域	七里河小流域	清河口小流域	小清河小流域	唐白河小流域
社会破坏能力	C_1 水质情况	2.80	2.06	3.36	—	—
	C_2 人口密度	4.30	2.31	1.00	—	—
河道基本情况	C_3 护岸形式	2.05	2.97	4.43	—	—
	C_4 河床稳定性	1.07	2.93	5.00	—	—
水活力	C_5 水岸带植被覆盖度	1.94	2.35	—	—	—
	C_6 水生植物结构完整性	1.06	2.84	—	—	—
	C_7 水生动物生存情况	1.07	1.16	—	—	—
	C_8 生态景观公众满意度	1.94	3.40	—	—	—

续表

分类	指标	低安全小流域		单项薄弱小流域		
				GYL	DXY	DXY
		东西葫芦小流域	七里河小流域	清河口小流域	小清河小流域	唐白河小流域
水生环境保护与管理力度	C_9 环保投资占 GDP 比例	1.26	1.02	—	1.17	1.26
	C_{10} 公众水生态保护意识情况	2.86	3.40	—	2.36	2.15

资料来源:作者根据计算结果计算整理

由于城市水生态安全是水活力在各项威胁及维护措施的作用下,能够在相对较长的一段时间内保持水活力良好的境界。通过对水生态"压力、响应"的安全情况诊断,确定导致小流域水活力不足且处于低安全或单项薄弱类别的关键问题所在。

从襄阳城市水生态低安全小流域关键问题诊断来看:在水生态状态方面,东西葫芦、七里河小流域 $C_5 \sim C_8$ 指标的得分均不高,说明低安全小流域不仅在水生动植物生存方面数量和种类少,而且在水景方面吸引力不足,其均涉及社会破坏能力、河道基本情况、水生环境保护与管理力度三个方面。其中,东西葫芦小流域地处汽车产业园,人口密度不高,但是工业对水系的污染较严重,同时小流域内水岸硬质化、河床稳定性不足、人们环境保护意识薄弱,相关保护部门对于水生态的保护和管理力度也不够,最终导致流域水活力较差。

4.6.4 襄阳城市水活力安全关键影响因素识别

通过对襄阳水活力安全水平关键影响因素识别(表 4-35),结果显示在三类水活力安全影响因素指标组中(表 4-36),"河道基本情况"的关联度较高,说明相比控制城市发展和建设来减轻社会的破坏能力,或是加强环境保护单位以及居民对水生动植物、驳岸现状的维护与管理,通过河道空间再造,来控制人们涉水活动的范围,改善水生动植物的生存环境,更能激发城市水活力。其中"护岸形式"关联度高于"河床稳定性",说明适当改变驳岸类型,合理规划驳岸的综合服务效能,比采取优化河床的措施对水生态的影响力更大。

表 4-35　襄阳城市水活力及其影响因素数据统计表

小流域单元	社会破坏能力		河道基本情况		水生环境保护与管理力度		水活力
	C_1 水质情况	C_2 人口密度（人/平方千米）	C_3 护岸形式	C_4 河床稳定性	C_9 环保投资占 GDP 比例/（%）	C_{10} 公众水生态保护意识情况/（%）	B_2 状态
伙牌小流域	3.87	349.69	5.00	3.03	0.58	65.33	3.79
东西葫芦小流域	2.80	1396.66	2.05	1.07	0.58	60.21	1.76
小清河小流域	2.57	3315.09	3.47	1.85	0.53	58.74	3.23
普陀沟小流域	2.83	1461.18	3.84	3.57	0.46	70.84	2.96
七里河小流域	2.06	5372.37	2.97	2.93	0.46	57.34	2.57
清河口小流域	3.54	12599.33	4.23	5.00	0.53	66.82	3.61
连山沟小流域	2.72	3745.37	3.28	3.27	0.58	68.28	3.23
月亮湾小流域	4.00	1226.43	4.83	4.68	0.60	85.67	4.31
南渠小流域	3.18	4125.35	2.56	4.15	0.63	80.42	2.82
护城河小流域	3.95	8514.58	3.97	5.00	0.63	83.27	4.00

续表

小流域单元	影响因素						水活力
	社会破坏能力		河道基本情况		水生环境保护与管理力度		
	C_1 水质情况	C_2 人口密度（人/平方千米）	C_3 护岸形式	C_4 河床稳定性	C_9 环保投资占GDP比例/（%）	C_{10} 公众水生态保护意识情况/（%）	B_2 状态
余家湖小流域	3.76	1826.25	4.55	4.24	0.62	65.72	3.40
千弓小流域	4.36	202.36	5.00	3.00	0.64	67.26	4.03
唐白河小流域	2.61	2348.41	3.34	4.63	0.58	55.38	3.51
姚家沟小流域	3.93	466.32	5.00	3.68	0.58	72.29	3.20
武坡沟小流域	3.54	539.14	5.00	3.77	0.58	78.83	3.44
陈家沟小流域	3.68	731.38	4.63	5.00	0.61	83.21	3.69
浩然河小流域	3.74	98.19	4.88	3.31	0.58	70.24	3.71
滚河小流域	4.00	297.96	5.00	4.58	0.58	79.37	4.19
淳河小流域	4.00	78.21	5.00	3.26	0.58	77.36	4.10

表 4-36　襄阳城市水活力关联度计算结果及排序统计表

影响因素指标组	社会破坏能力		河道基本情况		水生环境保护与管理力度	
三级指标	C_1 水质情况	C_2 人口密度	C_3 护岸形式	C_4 河床稳定性	C_9 环保投资占GDP比例	C_{10} 公众水生态保护意识情况
关联度	0.889	0.500	0.889	0.850	0.876	0.855
指标组关联度	0.694		0.870		0.865	
排序	3		1		2	

注:指标组关联度为三级指标关联度加权平均值。资料来源:作者根据计算结果计算整理

4.7　襄阳城市水系统安全评价综合结果

本章基于城市水安全评价模型对襄阳市水系统安全进行实证分析研究。在对襄阳城市发展进行概括的基础上,分水资源、水环境、水灾害、水生态四个方面从"高安全、中安全、低安全、单项薄弱"小流域的确定、低安全及单项薄弱小流域的关键问题所在、"水量-水质-水患-水活力"的关键影响因素三个方面展开研究。评价结果显示如下。

①在城市水资源安全方面,中心城区压力较大,其中襄城和樊城所涉及的小流域最不安全。普陀沟、七里河、小清河、清河口小流域的关键问题在于城市蓄水压力和社会管理;月亮湾、南渠、护城河、余家湖、千弓小流域在于社会用水压力和社会管理,而工业和生态用水是其社会用水压力大的要点。

②在城市水环境安全评价方面,襄阳市中心城区西北地区的水环境安全状况远不及东南地区。其中,七里河小流域、普陀沟小流域为低安全小流域,主要症结在于城市污水排放、城市净水能力不足。

③在城市水灾害安全评价方面,襄阳市中心城区整体水灾害安全水平较好,但陈家沟、七里河、唐白河小流域为低安全小流域,均涉及基本孕灾环境、防洪排涝工程设施建设、社会救援能力等因素。

④在城市水生态安全评价方面,城市集中建成区的各小流域水生态安全情况普遍较差,其中东西葫芦和七里河小流域为低安全小流域,其关键问题包括河道建设基本情况差、人为破坏力度强、水生环境保护与管理力度不足等。

第5章　城市水系统生态修复规划

生态修复是指对生态系统停止人为干扰,以减轻负荷压力,依靠生态系统的自我调节能力与自组织能力使其向有序的方向进行演化,或者利用生态系统的这种自我恢复能力,辅以人工措施,使遭到破坏的生态系统逐步恢复或使生态系统向良性循环方向发展;主要指致力于那些在自然突变和人类活动影响下受到破坏的自然生态系统的恢复与重建工作,恢复生态系统原本的面貌和功能。城市水系统生态修复是生态修复的重要内容,是指利用生态系统原理,采取各种方法修复受损伤的水系统及其要素、结构,修复和强化水系统的主要功能,并能使水系统实现整体协调、自我维持、自我演替的良性循环,进而达到城市山水格局协调、水资源保障稳定、水环境不断改善、水灾害有效防治、水生态恢复的目的,保障城市水系统安全、可持续发展。本章着重对城市水系统生态修复的政策背景、研究与实践、规划内容、修复技术进行解析,进而以襄阳市为例提出其城市水系统生态修复规划的主要对策。

5.1　城市水系统生态修复的政策背景

近年来我国颁布了许多有关城市水系统保护的文件(表 5-1),在其推动之下城市水问题治理实践在全国范围内逐步展开。如 2013 年起水利部大力推动的水生态文明建设,先后启动两批共 105 个全国水生态文明城市建设实践。2015 年与 2016 年,由国家财政部、住房和城乡建设部、水利部三部委共同组成评审专家组评审了 30 个中国海绵城市试点城市。我国财政部与住房和城乡建设部于 2015 年、2016 年相继公布了全国共 25 个城市被选为地下综合管廊试点城市等。其中,综合管廊建设与海绵城市偏重于解决城市洪涝灾害与水资源利用问题;城市水生态文明建设偏重于对区域水系统的底线管控。

表 5-1　我国近年来发布的有关水安全保护的文件统计表

年　份	发布单位	文件名称	备　注
2004 年	水利部	《关于水生态系统保护与修复的若干意见》（水资源〔2004〕316 号）	首次从国家部委层面提出了水生态保护与修复的指导思想、基本原则、目标和主要工作内容,标志着国家水生态保护与修复意识的全面觉醒
2008 年	国务院办公厅	《关于加强重点湖泊水环境保护工作的意见》（国办发〔2008〕4 号）	从加大工业污染防治力度、加强城市生活污水处理、控制农村生活污染和面源污染、控制旅游业和船舶污染等方面,加强重点湖泊水环境保护工作
2010 年	国家环境保护局、卫生部、住房和城乡建设部、水利部、国土资源部	《饮用水水源保护区污染防治管理规定》（〔89〕环管字第 201 号）	1989 年颁布实施,2010 年再次修订
2011 年	中共中央、国务院	《关于加快水利改革发展的决定》（中发〔2011〕1 号）	面对我国频繁发生的严重水旱灾害,造成重大生命财产损失,暴露出农田水利等基础设施十分薄弱的现状国情,提出必须大力加强水利建设
2013 年	水利部	《关于加快推进水生态文明建设工作的意见》（水资源〔2013〕1 号）	贯彻落实党的十八大关于加强生态文明建设重要思想,全面推进水生态文明建设的具体部署
2013 年	国务院办公厅	《关于加强城市地下管线建设管理的指导意见》（国办发〔2014〕27 号）	展开部署开展城市地下综合管廊建设试点工作

续表

年　份	发布单位	文件名称	备　注
2014 年	财政部	《关于开展中央财政支持地下综合管廊试点工作的通知》（财建〔2014〕839 号）	国家将对地下综合管廊试点城市给予专项资金补助拨款计划
2015 年	国务院	《水污染防治行动计划》（简称"水十条"）	要求到 2020 年，七大重点流域水质优良比例总体达 70％以上，地级及以上城市建成区黑臭水体均控制在 10％以内，地级及以上城市集中式饮用水水源水质达到或优于三类比例总体高于 93％
2015 年	国务院办公厅	《关于推进海绵城市建设的指导意见》	通过海绵城市建设，最大限度地减少城市开发建设对生态环境的影响，将 70％的降雨就地消纳和利用
2017 年	第十二届全国人民代表大会常务委员会	《中华人民共和国水污染防治法》	1984 年通过，2017 年第十二届全国人民代表大会常务委员会第二十八次会议第二次修正，2018 年 1 月 1 日起施行

　　为了推动"美丽中国"建设，中共中央、国务院《关于进一步加强城市规划建设管理工作的若干意见》提出，要有序实施城市修补和有机更新，解决老城区环境品质下降、空间秩序混乱、历史文化遗产损毁等问题；制定并实施生态修复工作方案，有计划、有步骤地修复被破坏的山体、河流、湿地、植被。按照中央决策部署和有关要求，住房和城乡建设部将"城市双修"作为治理城市病、转变城市发展方式的重要抓手，推动供给侧结构性改革的重要任务，全面部署，全力推进。

　　在 2015 年的中央城市工作会议上，习近平总书记指出，"要加强城市设计，提倡城市修补"，"要大力开展生态修复，让城市再现绿水青山"。因此，

"城市双修"的概念应运而生。其中,城市水系统生态修复是城市双修的重要组成部分之一,并成为我国各个城市解决各项水问题的重要手段和方法。2016年12月,住房和城乡建设部在三亚市召开了全国生态修复城市修补工作现场会,后又印发了《关于加强生态修复城市修补工作的指导意见》,安排部署在全国全面开展生态修复、城市修补工作,明确了指导思想、基本原则、主要任务目标,提出了具体工作要求。2017年又先后公布了两批试点城市,共计58个。"城市双修"工作是指"生态修复和城市修补",其中生态修复是建设健康、美丽城市的基础,旨在保护自然资源、修复生态环境、推进海绵城市建设,其主要内容是河岸线、海岸线和山体的修复。简单来说,就是用再生态的理念,修复城市中被破坏的自然环境和地形地貌,改善生态环境质量;城市修补是用更新织补的理念,拆除违章建筑,修复城市设施、空间环境、景观风貌,提升城市特色和活力。"城市双修"是走向品质的营造修补,是城市发展由量的扩展转入质的提升。

《指导意见》从四个方面对推动"城市双修"工作提出了具体指导意见。

一是完善基础工作,统筹谋划"城市双修"。要求开展城市生态环境和城市建设调查评估,编制城市生态修复和城市修补专项规划,制定"城市双修"实施计划,统筹谋划、有序推进"城市双修"。

二是修复城市生态,改善生态功能。要求尊重自然生态环境规律,落实海绵城市建设理念,采取多种方式、适宜的技术,系统地修复山体、水体和废弃地,构建完整连贯的城乡绿地系统。

三是修补城市功能,提升环境品质。要求填补城市设施欠账,增加公共空间,改善出行条件,改造老旧小区。在此基础上,保护城市历史风貌,塑造城市时代风貌。

四是健全保障制度,完善政策措施。要求强化组织领导,创新管理制度,积极筹措资金,加强监督考核,鼓励公众参与。住房和城乡建设部门、规划部门要争取城市主要领导的支持,将"城市双修"工作列入城市人民政府的主要议事议程。

2017年,全国各城市制定"城市双修"实施计划,完成一批有成效、有影响的"双修"示范项目;2020年,"城市双修"工作初见成效,"城市病"得到有效治理。其中,要求编制城市生态修复、城市修补专项规划,并统筹协调城市绿地规划、海绵城市规划、公共服务设施规划等专项规划,并开展重点地区的城市设计。

5.2　水系统生态修复的研究与实践

当前我国正如火如荼地开展着各项"城市双修"工作,但关于城市水系统生态修复的理论研究还比较少。通过中国知网搜索主题词"城市水系统生态修复"和"城市水体生态修复",共计 153 篇论文。多数水系统生态修复理论研究仍停留在对水环境、水资源、水生态、水灾害某一方面或是单一河流、某类水系本身的修复研究上,缺乏从城市整体层面、自然与社会角度、多方位的探索(图 5-1)。丰富的实践需要进行系统的梳理和总结,并进一步挖掘和提升,作为今后指导实践的理论基础,从而加快推进城市层面的水系统综合治理。

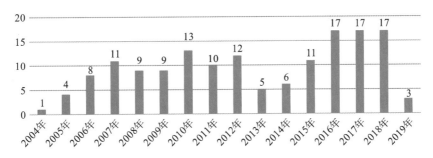

图 5-1　知网有关城市水系统生态修复的文献统计

刘海振(2014)、张伟超(2018)等指出,欧美等发达国家的城市水系统生态修复是从河流单项水问题恢复开始的,主要是水环境污染,在单项水问题得到缓解后,管理者即把目标转向水系统综合治理上来。例如 1959 年英国伦敦全面展开泰晤士河水质治理工作,提出限制污水排放,修建大型污水管网、建设 450 多座污水处理厂等(宋玲玲,2014)。1973 年形成了一体化流域管理的模式,并建立泰晤士河水务管理局,统一管理供水、水处理、防洪、灌溉、水产养殖、环境美化等(汪松年,2002)。2000 年初韩国首尔市开展清溪川水环境整治工作,主要从疏浚清淤、全面截污、保持水量三个方面着手。

随后,协同城市环境、文化、交通等部门逐步展开了清溪川复兴改造的文化计划、工程期间及复兴改造后的交通道路对策、城市中心再开发方案、河岸带绿色的休息空间建设等(Kwon Young Gyu,2008;Jang Young,2010;李允熙,2012)。19世纪90年代德国北莱茵-威斯特法伦州鲁尔工业区各城市对埃姆舍河通过建设集中污水处理厂改善水环境问题。20世纪80年代末,埃姆舍协会以流域为单位进行了雨污分流改造、绿色堤岸建设、河道治理等,对水系统进行综合治理(杨成立,2009)。

另外,日本最初于1896年颁布了《河川法》,其基本理念为"治水",即以防洪为主。1964年为实行"水系一贯式"(即以流域为单元)的河川管理,对旧河川法进行修改。1997年在治水、利水的基础之上新增加了"环境"管理目标,强调用生态工程方法来治理河流,并恢复生物多样性及景观多样性(俞瑞堂,2000;高琪,2008)。

虽然通过河流单项水问题治理,城市的水环境问题在一定程度上得到了改善,然而单纯的水质污染治理,并不能很有效地再造生物栖息环境,恢复生物多样性,解决多方面、复杂的水问题,促进城市水系统可持续发展。于是人们重新审视传统水系统治理的方式方法,全面展开城市水系统综合治理工作。

陈春浩(2003)、童登辉(2012)、李文田(2014)、周春东等(2016)先后以深圳市、泸州市、信阳市、嘉兴市为例,对洪涝治理对策进行了分析与研究。杨海军等(2005)对河流生态修复的理论与技术进行了深入探索。陈婉(2008)从河道形态、护岸、植被等三个主要方面阐述了城市河道生态修复的方法。张鹏飞(2009)从水环境和水生态角度,提出了邯郸市沁河河道整治、沿河绿化景观规划方案。于瑞东(2010)以上海市苏州河滨岸带为例,从景观性、安全性、亲水性三方面提出了城市河道滨岸带改建与重构技术。赵占军(2011)以重庆市长寿区为例对城市河岸生态修复技术展开了研究。陈建军(2011)选取北京市区6个城市湖泊为研究对象,对其富营养化程度进行评价并提出修复策略。朱博华、唐金忠(2015)对城市水源湖生态修复进行了探索,随后王小赞、尚化庄等人(2018)以徐州小沿河水源保护地为例采取相应的措施进行修复工作。徐后涛(2016)以上海市18条生态治理试点河道为研究对象,划分为中心城区和郊区城镇区河道、新城新镇和大型居住区河道、农村河道三类分别进行河流健康评价并提出相应的综合治理策略。张涛(2017)将城市区域内的每条河道都抽象成外围整体流域系统中的一个子系统(小流域),从水系生态系统稳定性、维护城市水自然循环、利用雨洪的场地景观设计三方面提出防洪排涝策略。王艳春(2018)从河流水质水文整治、多样性地貌恢复以及乡土生物恢复三个方向展开对安徽合肥四里河生态修复策略研究。闵忠荣等人(2018)以南昌水系连通为例探索了城市水生态修复方法。

当前,我国对于城市水系统的理论研究多集中在河流、单一水系或某一类水系,以及水系的水质、结构形态或连通性等单一方面的修复研究,而忽视了城市水系统的复杂性、要素之间的相互关联性,为此有必要通过综合性的城市水系统生态修复规划确定修复的重点领域、重点地区与重点要素。

5.3　城市水系统生态修复规划的内容

5.3.1　确定城市水系统生态保护与修复的总体方向

①绿色发展,保护优先,努力向事前保护和自然恢复的方向转变,改变从前的"以需定供、经济最优、技术可行"的思路,提高水生态系统的自然修复能力,把人工修复和自然修复策略相互融合,由此才能建设友好生态水工程。

②流域总体规划和系统修复。着重考虑流域水生态系统的结构以及功能的层次性、尺度性和流域性,转变治理模式,从流域的角度分析水生态保护及修复的总体布局。

③综合性治理和技术创新。创新水系统的保护及恢复管理机制,研究提高水系统保护和修复的新方法、新技术,重视主要区域的综合性治理,发挥其示范作用。

5.3.2　确定城市水系统生态修复的基本原则

①问题导向。准确把脉城市现状水问题,重点针对水问题集中、矛盾突出、社会关注、生态敏感的地区和地段的修补修复工作。坚持以人为本的规

划理念,以增加民众福祉为目的。

②统筹协调。统筹各方面目标诉求,做好规划协调,遵循与水相关的生态系统的自然生态过程和城市空间形态演变规律,科学制定修复、修补目标,确定修复、修补模式,落实"城市双修"工作计划。

③因地制宜。尊重城市地域环境、历史文化、乡土景观等特征,充分考虑城市发展与建设阶段、发展实际和时代风貌要求,深入挖掘地区特色资源和主要问题,有针对性地制定工作任务、目标和方案,近远期结合,逐步实施。

④坚持水生态文明。水生态文明指的是遵从人水和谐的观念,从而实现水资源的合理使用,保障生态的良性循环,是生态文明的基本内容和重要组成部分,将生态文明理论融合于水资源的开发、治理、利用、保护、节约和配置的各个方面,以及水利建设、规划和管理的环节。

⑤经济可行。与经济社会发展水平相适应,加强经济可行性评估,提高可实施性。

5.3.3 提出城市水系统生态修复的主要策略

①按照"山水林田湖草海"命运共同体的原则,深入分析城市生态格局和山水格局,根据城市水系统安全评价的结果明确主要水问题,以水、林、田、湖为核心确定生态修复的工作范围、工作目标、重点任务、项目布局、重要政策、实施机制等主要内容。

②以水安全为导向提出城市水资源保障、水环境改善、水灾害防治、水生态恢复为目标的具体对策和项目空间布局,提出近期建设的主要项目,落实责任单位和目标责任。

③确定水系统生态修复的关键技术和关键区域。合理运用河湖清淤、调水引流、截污治污和生物控制等技术策略,将其与项目布局进行结合,确定每个工程项目的技术应用及其创新。

④提出面向水安全和水生态文明的水系统综合治理对策。水系统的综合治理涉及要素、部门众多,也是一项长期的艰巨任务,水系统生态修复只是其中的一个组成部分,还需要进一步完善水生态文明体系,实施水生态的红线管理制度。

5.4　城市水系统生态修复技术

（1）城市水系统生态修复技术分类

廖文根（2006）、王越博等（2019）从人类作用程度方向进行思考，认为城市水系统修复技术可分为生物/生态治理技术和生态水利工程技术两个方面。张鹏飞（2004）以邯郸市主城区为例，从物理、化学、生物/生态技术三个方面提出了城市水环境和水生态修复策略。郭韦（2010）、李晋等（2011）以污染治理为核心将河流生态修复技术分为物理、化学和生物/生态技术三大类。张有锁、黄义（2018）立足于生物修复技术层面，从微生物修复技术、水生植物修复技术和水生动物修复技术三个方面对国内外常采用的水生态修复技术进行阐述。于鲁翼、李瑶瑶等人（2014）根据修复技术的作用，将城市水系统生态修复分为水量生态修复技术、水质生态修复技术、河流形态结构修复技术及水生生物修复技术四大类。

国内外城市水系统生态修复技术涉及学科众多，不少学者对其进行了分类梳理，主要采用以下三种分类方式：根据人类作用的程度分类（即工程修复技术和自然型修复技术）、根据修复原理分类（即生物、物理、化学等）、根据修复技术的作用分类。本书基于城市水系统的组成和城市水安全评价的类别划分，根据修复技术的作用，对现有的城市水系统生态修复技术进行梳理、总结，分为城市水资源修复技术、城市水环境修复技术、城市水灾害修复技术、城市水生态修复技术四类。

（2）城市水资源修复技术

城市水资源修复技术主要包括蓄水工程建设、供水管道升级改造、污水回用系统建设。1994 年 Whelan 等人提出水敏感城市设计（WSUD），将城市雨水、供水、污水结合起来，建立起一种雨水管理与回用模式，随后被广泛应用于城市规划设计与景观设计实践中。裴源生（2005）提出应开展污水回用、集雨利用、推进蓄水工程建设来缓解城市水资源不足的问题。钟厚彬（2008）提出如何合理配置蓄水池以缓解贵州省遵义县龙坝小流域严重缺水的问题。潘志辉（2012）指出当前我国水资源匮乏，开发雨水资源已成为各地区热门研究课题，并以深圳为例分析蓄水池的合理配置。城市公园绿地

的建设不仅能够减轻雨洪灾害、丰富城市景观,还能涵养水分,补充地下水资源,作为公园灌溉的绿地水源储备(张剑飞,2015;张旖倍,2016)。彭澄瑶(2011)提出雨水涵养回收利用、更新维修供水管网,来实现水资源的可持续。欧阳剑波(2014)认为经深度处理后的城市污水应看作城市的再生水资源,可以用作城市绿化用水、工业冷却水、景观用水、地面冲洗水、农业灌溉水。徐海顺(2014)、李云(2018)分别以上海临港新城、河南郑州为例,提出城市雨水综合利用工程建设。乔劲松(2017)展开了对小区雨水回用系统的研究。辜健慧(2016)指出南昌市供水管网过载、漏水现象,部分管道瘫痪,需进行供水管网的监督检查和修复扩容工作,以解决部分地区水资源供应不足的问题。张强(2016)以保定市为例,提出对现有的工业企业进行节水技术改造。

城市水资源修复技术手段见表5-2。

表5-2 城市水资源修复技术手段

主要技术	具体措施	功能	备注
蓄水工程	蓄水池建设	以缓解水资源短缺为主,辅以防洪	主要建于居住相对集中、用水困难的自然村
	耐水花园	以防涝为主,辅以补充地下水资源	在城市建设用地内建设口袋公园、铺设透水地面
供水管道升级改造	管道破损维修	有效供应、节约水资源	主要用于老城区
	管道扩容	有效供应水资源	主要用于老城区
雨污回用系统建设	企业节水技术改造	缓解水资源短缺	在产业园建立污水回用系统
	小区中水系统	缓解水资源短缺	在居住区范围内建设污水回用系统,或建筑中水回用系统,收集雨水或生活污水,净化后用于冲厕、洗车、道路保洁、绿化灌溉、景观喷洒等。包括污水回用和雨水收集

主要技术	具体措施	功　能	备　注
雨污回用系统建设	城市中水回用系统	缓解水资源短缺	由污水收集、回用水处理、回用水输配、用户用水管理四个部分组成,将污水处理后,主要应用于农业、工业、建筑及市政、景观等方面,另外对不同的用途的水进行分级污水处理。包括污水回用和雨水收集

（3）城市水环境修复技术

城市水环境修复技术包括活水连通、源头削减、过程控制、末端净化。钟建红（2007）、李红霞（2016）、刘晓雨（2018）等对当前河道水体污染治理与修复技术进行了梳理,主要包括截污分流、引水冲污、底泥疏浚、曝气复氧、除藻、化学固定、微生物强化、植物净化、人工湿地、生物膜净化等。分散式污水处理系统早在 20 世纪 80 年代由德国提出,现被美国、日本等发达国家广泛运用（Hellstrom,2003；韩金益,2014；吴善苟,2017）,该技术不仅适用于用地紧张、环境质量要求较高、出水水质要求严格的地区,如旅游度假区、高校、产业园、公园等（夏小青,2014）,而且适用于居住分散、人口密度较低、排水管网无法覆盖的村镇（刘兰岚,2011；徐威,2015）。张明磊（2018）、王越博（2019）采用投放复合微生物菌剂、底泥生物修复剂等生物试剂来增强水系曝氧量、促进有机污染物分解。湖南省政府曾对洞庭湖进行了综合整治,通过关闭和搬迁环湖众多严重污染的工业企业、加大对污染企业的监察力度等措施,实现了洞庭湖水质变清、生态环境改善的目标（任薇,2009）。杨玲玲（2013）、聂欣（2017）、卢越（2019）等指出对于产业聚集区应加强其污水排放治理、推动污染产业升级转型和清洁技术应用,以减小对水污染的影响。对于农业面源污染而导致的水问题,美国的"最佳管理措施"（BMPs）最具代表性,BMPs 采用"清洁生产"或提供水污染养分设施来达到水环境保护的目的（王梅,2009）。李冠杰（2015）、夏熙（2017）提出探索农业清洁生产技术、健全污染监控体系、建设生态拦截缓冲带、生态沟渠、人工湿地、小型污水处理设施等,全面治理农业水污染。20世纪80年代,德国BESTMAN公司提出生态浮岛技术(Zhao F L,2012),90年代以来,该技术被我国广泛应用于河道、水库、城市内湖等不同水体,以缓解水质问题(王守金,2017)。胡光吉(2010)、柏义生(2018)、高寒(2019)等学者认为生态浮床技术是河道水质净化和水生态修复较为实用的手段。史二龙(2018)、吴银彪(2018)认为外源截流是根本,应对现有合流制污水管线进行分流改造;内源控制是辅助,应清除黑臭水体的底泥;曝气增氧是关键,应适当进行人工增氧;植被丰富为长效,应有计划、按比例种植沉水、挺水、浮水植物。汪洁琼(2018)提出污水截流、构建净化工程小微湿地体系、建设种类丰富的挺水植物缓冲带、以跌水和喷泉等形式进行人工增氧、打捞过多的沉水植物、增加生态浮岛等手段,来治理水污染现状。马幸、耿川(2018)等人以控源截污、污水处理厂提标改造、底泥疏浚、水生生物投放、引水补清为主要措施对沙河流域进行综合治理。陆东芳(2011)、Pakdel(2013)、倪洁丽(2016)等人探讨了不同水生植物在水体物质循环和能量传递方面的作用,与其他物理、生物技术相比,成本更低、效果更好。

城市水环境修复技术手段见表5-3。

表 5-3　城市水环境修复技术手段

主要技术	具体措施	功　能	备　　注
活水连通	打通	水环境提升	引进清洁的水源,使水连起来、流起来、净起来
	拓宽	水环境提升	主要用于河道过窄的地区,增强水流速度
	清淤	水环境提升	底泥疏浚存在工程量大、费用高和极易破坏河流原有生态系统等弊端(金相灿,1999)
源头削减	监控	水环境提升	加强对产业园、农业排污的监控,推动清洁生产技术
	搬迁与关闭	水环境提升	逐步搬迁或关闭沿水严重污染企业及布局分散的达不到排放标准的小型工业企业

续表

主要技术	具体措施	功　能	备　注
过程控制	污水截流	水环境提升	用一条平行于并靠近水体岸边线的污水主干管将排水地区所有直接向水体排放污水的干管或支管截流，并使污水沿该管流到污水处理厂进行处理，再排入水体
	雨污分流	以水环境提升为主，辅以防洪、节水	主要用于合流管较多的老城区。降低水量对污水处理厂的冲击，保证污水处理厂的处理效率
末端净化	污水处理厂新建或扩建	水环境提升	根据现状污水处理厂处理能力与城市分区污水实际情况确定
	小型分散式污水处理设施	水环境提升	将污水进行原位处理，以达到排放或者回用的标准。优点是构筑物少、基建投资小、结构紧凑、占地面积小、减少管网的建设
	植物净化	以水环境提升为主，辅以改善水生物栖息地	沿水建设微型湿地、生态浮岛、挺水植物缓冲带、生态浮床等
	打捞	以水环境提升为主，辅以改善水生物栖息地	打捞垃圾、蓝藻等过多的沉水植物
	人工增氧	以水环境提升为主，辅以改善水生物栖息地	跌水、喷泉、溢流堰建设
	复合微生物剂投放	以水环境提升为主，辅以改善水生物栖息地	保证水系正常曝气，实现水体污染有机物自动分解

（4）城市水灾害修复技术

城市水灾害修复技术主要包括城市小海绵建设、管道升级改造、排洪工程建设等。美国学者大卫·蒂利（David Tilley，1998）提出了城市小流域内湿地设置体系。基于此，王忆竹（2017）提出海绵城市社区雨洪体系构建，依托居住区公共绿地建设集水单元湿地、依托居住区级道路防护绿地和步行

空间建设次级流域湿地、结合地形在城市雨水汇集处设置人工湿地,构建三级雨水储留空间。德国汉诺威市于 2000 年基于洼地-渗渠系统(MR 模式)建设了康斯伯格居住小区,以有效消纳与处理暴雨洪涝的灾害影响,其核心组件为洼地、渗渠、排水管道(Mays,2001)。比利时学者 Meentens(2003)、Wong(2003),中国学者魏艳(2007)、李帅杰等(2013)为有效降低城市的洪涝风险,分别对屋顶雨水收集系统进行了研究。何源达(2005)以珠海市西部的金湾区为例,提出整治排水河道、新建排洪渠的修复策略。陈香(2007)以福建洪涝灾害为例,提出建设湿地公园、建设分流截洪沟、疏浚排水内河、建立洪水预警避灾系统等措施。王虹(2009)阐明了诸城市采取河道工程、水库加固、完善田间排洪工程来应对其洪涝问题,其中,河道工程即建设集防洪、娱乐、旅游为一体的潍河公园,并对中小河流进行分期疏浚、清理行洪障碍。杨惠敬(2013)以青岛市城区为例,提出对其进行雨水干管扩容改造、雨水泵站建设、海岸工程建设、河道疏浚。刘玉(2015)针对深圳市洪涝灾害现状,提出要推动河渠畅通工程、排水管网畅通与完善工程建设。周春东(2016)以嘉兴市为例,提出新增排水通道、维护河道过流能力、建设屋顶绿化、透水路面、下凹式绿地、雨水花园、植草沟渠、滞蓄水塘等设施。

　　城市水灾害修复技术手段见表 5-4。

表 5-4　城市水灾害修复技术手段

主要技术	具体措施	功　能	备　　注
城市小海绵建设	耐水花园	以防涝为主,辅以补充地下水资源	小型湿地散布在集水区的源头;中型湿地存在于集水区水系与次小流域主水系交汇处;大型湿地则分布在次小流域水系与小流域主水系交汇处
	生态社区	以防涝为主,辅以节水	依托道路、步行空间设置下凹式绿地,并铺设透水地面、建设雨水沟、雨水储蓄设施、沉淀池,形成屋面与庭院雨水收集利用系统,收集雨水经地下蓄水池蓄存后回用

续表

主要技术	具体措施	功　能	备　注
排水管道升级改造	排水管道建设	防涝	主要用于排水设施建设相对薄弱的地区,雨水主要依靠河道和明渠排除
	干管扩容更新	防涝	主要用于老城区,排水管网建设相对密集,但部分早期建设的管道管径较小或设施陈旧破损
防洪排洪工程建设	河道清淤	以净化水质为主,辅以防涝	保证良好的过水能力
	新建排洪渠、雨水泵站	防涝	—
	田间排洪工程	防涝	—
	防洪堤、水库加固	以防涝为主,辅以防止水资源流失、美化水岸	主要用于坡面陈旧、堤身稳定性不足的河段,提高其防洪等级

（5）城市水生态修复技术

城市水生态修复技术包括河岸带景观建设、河床工程、河道空间再造。蜿蜒的河道为河流的生物多样性提供了条件,与直线河流相比,弯曲河流拥有更复杂的动植物群落生存空间（Brookes,1996;Palmer,2005）。其丰富的生态环境类型,也构成了河流生物多样性及水系自净能力的重要部分（张光锦,2009）。张振兴（2012）探讨了北方中小河流的生态修复方法,提出应恢复河流蛇形外貌、恢复河床原有深浅变换结构、恢复河流近水区水生植物、设计鱼道等。董哲仁（2003）、王瑞玲（2013）、陆体星（2017）、郭靖（2018）等认为建设宽窄交替及形态多样的河流、布置人工湿地、营造鱼类栖息地、合理配置植物种类,能实现水生态优化提升。汪洁琼（2017）激活河道周边点状岸线景观,在空间上串联起来构建城市系统滨水游憩网络,提供可观、可游、可赏的城市河流休闲游憩空间。温全平（2004）认为建设生态驳岸不仅能美化环境、营造良好生物栖息地,还能稳固堤岸、提高水体自净能力,按所

用主要材料的不同可分为刚性堤岸、柔性堤岸和刚柔结合型堤岸。

城市水生态修复技术手段见表5-5。

表 5-5 城市水生态修复技术手段

主要技术	具体措施	功 能	备 注
河岸带景观建设	驳岸功能统筹	水生态改善	进行湿地公园、亲水平台及栈道、游憩广场、慢行沿水绿道网络建设,使驳岸功能多变
	生态驳岸工程	以水生态改善为主,辅以防洪、水质净化	按性质划分,可分为刚性堤岸、柔性堤岸和刚柔结合型堤岸。按形态划分,主要包括箱型石笼护岸、木桩护岸、木桩+抛石护岸、植草护岸、I型砌石护岸木、L型砌石护岸等,根据不同水体、河段、水流速度、河道宽度,选择不同类型或不同组合的护岸建设工法,以营造良好的水生生物栖息地,巩固河岸
	植物优化配置	水生态改善	选择适应性强、品质好的植物搭配,美化沿水环境
河床工程	溢流堰	以水生态改善为主,辅以水质净化、稳定河床	石砌营造高低起伏的河床,形成浅滩-深潭结构,以适应不同水生生物的生存
	挑流坝	水生态改善	与河岸正交或斜交伸入河道中的河道整治建筑物,能降低河水对岸坡的冲刷,营造淤沙造滩的环境
河道空间再造	恢复河道蜿蜒原貌	以水生态改善为主,辅以水质净化	恢复河道至裁弯取直前的蜿蜒性原貌,通常是依据已有的水文资料或参照河道的历史资料来实施
	河道宽窄交替建设	水生态改善	急流与缓流并存,有助于营造多样化的生物栖息地

5.5　襄阳城市山水格局保护

襄阳是滨水城市,也是临山城市,独特的山水格局赋予了城市个性鲜明的空间结构。山、丘、江、河、洲使城市空间充满灵性,并使城市具有独特的魅力(图 5-2)。

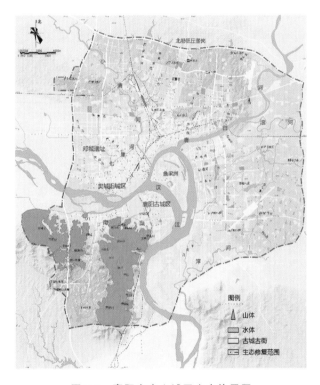

图 5-2　襄阳市中心城区山水格局图

(1)山水格局保护目标

显山露水,保洲复绿。聚焦山体破损、黑臭水体、生态环境等突出问题,注重生态保育及山水格局塑造,通过"山体生态修复、水体生态修复"行动,系统恢复城市山水自然生态环境。

(2)山水格局保护思路

严守底线,控制建设。守住发展和生态"两条底线",即在城市规划建设

中,改变以往大拆大建的做法,将环境保护作为城市建设的基本原则,统一规划,协调推进。结合特色风貌、绿地系统、海绵城市等规划,系统开展城市滨河绿地景观规划设计,整体打造城区段河流,明确每条河流特色定位。强调对现有生态环境的保护与对自然驳岸的生态修复,强化山水景观与城市人工景观的有机融合,构建人与自然、城市与生态的和谐关系。

保护廊道,恢复生境。加强汉江及内河水系等生态廊道空间的管控,保护区域水文安全及主要生态通廊的畅通,确保河流生态廊道生态联通功能的发挥。

彰显特色,改善环境。规划通过保护修复历史风貌、合理控制现代风貌、拆除违章建筑、市政管线入地等系列措施,提升历史街区风貌,彰显地域特色,打造城市文化魅力核心区,重塑襄阳文化魅力。结合总体城市设计,识别城市特色空间,明确襄阳"双修"重点空间。

(3)山水格局保护策略

编制城市山水格局与生态保护专项规划。襄阳市山水格局特征明显,生态要素众多,应在襄阳市"南山北丘、六廊一洲"的现状山水格局基础上,强化襄阳市山水生态格局,同时开展生态保护专项规划,保护好襄阳市生态环境。

加强城市开发强度研究。滨水、滨江区域及山体附近是需要严格控制建设的区域,结合总体城市设计的相关要求,要专门开展城市开发强度研究,统筹协调襄阳市城市开发建设。

加强重点地区城市设计。完成总体城市设计,框定城市总体景观结构,明确城市特色景观风貌,控制好景观视线廊道范围内开发强度、建筑高度、建筑色彩和建筑风貌。做足"显山露水、治山理水"文章,保护城市水体和山体。开展沿山体水体、历史文化街区等重点区域城市设计,打造一批高质量的城市滨水空间和特色风貌街区。

重要的生态廊道、生态绿心编制专项保护规划。汉江和唐白河等水系及鱼梁洲是襄阳市生态要素的重要组成部分,应该专门编制相关保护规划,严守生态底线。

拆除违章建筑。用更新织补的理念,拆除违章建筑,修复城市设施、空间环境、景观风貌,提升城市特色和活力。

（4）山水格局保护空间结构

山水格局保护规划以城区外围背景山体及北部低丘垄岗为屏、一江四河为廊,城内群峰为节点的区域生态空间保护体系,形成"一江、两屏、百河、十峰"的山水格局保护结构（图 5-3）。

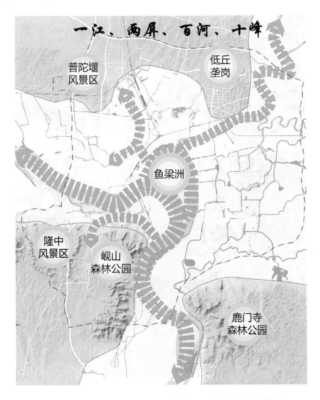

图 5-3　襄阳市中心城区山水格局保护空间结构图

"一江"指贯穿襄阳的汉江所组成的区域重要生态廊道空间和由沿江湿地组成的核心生态斑块空间。"两屏"指由南部山体和北部低丘垄岗及与其相联系空间组成的区域生态基质空间。"十峰"指由"岘山-虎头山-顺安山、琵琶山、真武山、羊祜山、扁山、摩旗山、仙家山、隆中山、大旗山、鹿门山"组成的区域生态基底空间。"百河"指由内河水系组成的城区主要生态廊道空间。

山水格局保护重点区域是"四带、七河、两山"（图 5-4）。"四带"即小清河东岸和唐白河北岸、唐白河南岸和东津新区西滨江段、庞公片区滨江段、鱼梁洲环岛景观带。"七河"即普陀沟、大李沟、七里河、连山沟、顺正河、南渠、浩然河水质提升及贯通。"两山"即岘山环山路沿线北侧及东侧山体修复、隆中风景区入口处山体修复。

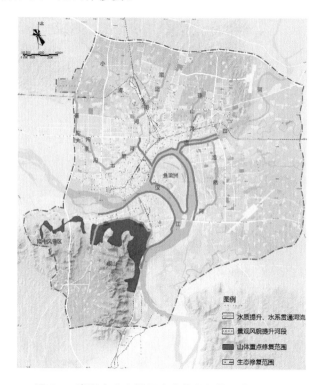

图 5-4　襄阳市中心城区山水格局保护重点区域图

根据现状分析，划定生态修复的重点区域为"两带、两片、五河、九园"（表 5-6、表 5-7）。"两带"是指汉江与唐白河滨水驳岸修复带；"两片"是指岘山片区、隆中风景区片区山体修复；"五河"是指小清河、七里河、南渠、连山沟、唐白河水环境水生态修复；"九园"是指邓城遗址公园、清河 1 号公园、汽车文化公园、连山公园、浩然河公园、滨江公园、唐白河公园、东津公园、解佩渚湿地公园增园提质修复。

表 5-6　襄阳市中心城区生态修复项目中公园规划计划列表

序　号	公园名称	面积/公顷	主要问题
1	连山公园	252.50	具有良好的生态资源,但未被合理开发利用,被周边建筑逐步侵占
2	邓城遗址公园	202.27	邓城遗址破坏严重
3	清河1号公园	38.90	樊城区公园分布不均衡,该地区缺乏公园
4	汽车文化公园	7.38	襄州区公园分布不均衡,该地区缺乏公园
5	滨江公园	24.20	襄城区公园分布不均衡,该地区缺乏公园
6	唐白河公园	160.08	襄州区公园分布不均衡,该地区缺乏公园
7	解佩渚湿地公园	231.09	具有良好的生态资源,但未被合理开发利用
8	东津公园	12.34	缺乏特色,缺乏配套服务设施
9	浩然河公园	56.64	缺乏特色,缺乏配套服务设施

表 5-7　襄阳市中心城区生态修复项目中河流与山体修复计划列表

序　号	名　称	范　围	主要问题
1	汉江	汉江大桥——南渠入河口 唐白河——东津大桥	景观缺乏特色,亲水驳岸不足
2	小清河	二广高速——汉江	水质污染,缺乏系统治理
3	七里河	二广高速——小清河	水质污染,缺乏系统治理
4	南渠	汉江——汉十高铁(尽头)	水系连通性、流动性不强
5	连山沟	福银高速——唐白河	规划河道尚未建成,水质较差
6	唐白河	福银高速——汉江 航运路——汉丹线	水质污染,缺乏系统治理 景观缺乏特色,亲水驳岸不足
7	岘山片区	岘山北部环山路沿线	用地侵占、工业污染、开山采石、青山白化
8	隆中风景区片区	隆中风景区入口处 檀溪西路沿线	用地侵占

襄阳市中心城区生态修复重点区域见图 5-5。

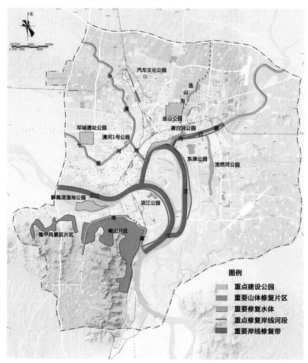

图 5-5 襄阳市中心城区生态修复重点区域

5.6 襄阳城市水系统生态修复目标及空间布局

5.6.1 水安全问题导向的襄阳城市水系统生态修复目标

城市水安全是指水量、水质、水患、水活力在各项威胁及维护措施的作用下,能够在相对较长的一段时间内保持水量充沛、水质健康、水患减少、水活力良好的状态。根据其定义,结合城市水安全评价结果,提出实现"缩减短板,人水共生"的襄阳市水系统生态修复总体目标,可具体细分为以下四大子目标。

(1)实现"资源充沛,循环持续"

通过对水涵养区和植被的合理配置和布局,最大限度地发挥城市绿色蓄水生态改善功能。通过建立高效的水资源利用机制,提高水资源利用效率,保障社会用水量。另外,提高人们水资源保护意识、加强水资源管理部门的保护与合理配置能力,以达到并维系自然界水量丰富、社会供水量充足的状态。

（2）实现"污染降低,系统自净"

重点加强对工业企业的污水管理,从源头控制污水产生及排放风险。完善城市排水管网建设、提高城市污水净化能力,以达到并维系水质健康的状态。

（3）实现"防洪排涝,安全韧性"

通过完善绿色基础设施和海绵城市建设,加强工程设施建设,提升城市防洪和排涝能力,完善城市生命线系统,有效降低水患影响,并增强其恢复能力。

（4）实现"品质提升,景观塑造"

通过合理规划水生动植物的生存空间和居民的涉水活动空间,控制人们行为和城市开发建设活动,以降低水生态压力,实现并维系生物多样性丰富、水景优美的状态。

结合襄阳水系存在的主要问题,襄阳城市水系统修复规划主要通过建设海绵城市项目试点、源头削减、过程控制、末端净化和完善优化岸线等手段进行水资源、水环境和水生态的治理,以实现蓄净通亲、人水共生。具体技术路线见图 5-6。

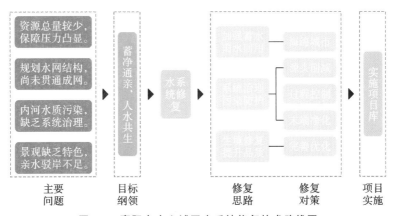

图 5-6　襄阳市中心城区水系统修复技术路线图

5.6.2 襄阳城市水系统生态修复空间布局

襄阳市中心城区各个小流域均存在着不同程度的水安全问题,因此,需确定水系统生态修复的空间布局。根据水安全评价结果,划分重点治理空间、优化提升空间和维护保障空间三类,其重要性和需采取修复力度递减。其中单项薄弱小流域和低安全小流域确定为重点治理空间;将高安全小流域确定为维护保障空间,中安全小流域确定为优化提升空间。三类空间划分的原则见图5-7,划分标准及修复措施见表5-8,各类空间布局见图5-8至图5-11。

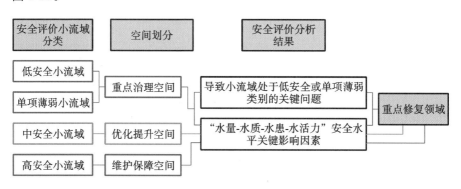

图 5-7 襄阳城市水系统生态修复空间布局确定原则及修复指引示意图

表 5-8 襄阳市中心城区三类空间划分标准、分区特征及修复措施选择指引表

空间类别	划分标准	分区特征	修复措施选择指引	需采取的修复力度
重点治理空间	低安全小流域及单项薄弱小流域	现状安全情况相对恶劣,水问题严峻,急需治理,压力-状态-响应循环严重失衡	(1)需选取较高效、多样化的修复措施; (2)以第4章分析所得各小流域的关键问题和城市"水量-水质-水患-水活力"安全水平关键影响因素为重点修复领域	强

续表

空间类别	划分标准	分区特征	修复措施选择指引	需采取的修复力度
优化提升空间	除单项薄弱小流域外的中安全小流域	现状安全情况一般,水问题程度较轻,基本能维持正常运行,相对稳定	(1)适当采取较为经济、生态的修复措施; (2)以城市"水量-水质-水患-水活力"安全水平关键影响因素为重点修复领域	中
维护保障空间	高安全小流域	现状安全情况较好,水问题极少且轻,压力-状态-响应循环平衡、稳定	(1)选取基本、简单的修复措施,以保证基础维护; (2)以城市"水量-水质-水患-水活力"安全水平关键影响因素为重点修复领域	弱

图 5-8　襄阳市中心城区水资源系统修复空间布局示意图

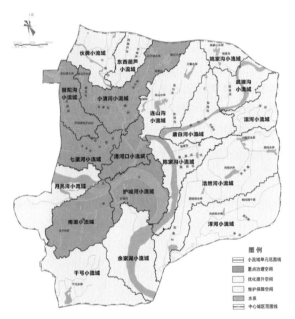

图 5-9　襄阳市中心城区水环境系统修复空间布局示意图

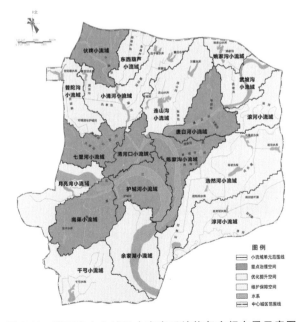

图 5-10　襄阳市中心城区水灾害系统修复空间布局示意图

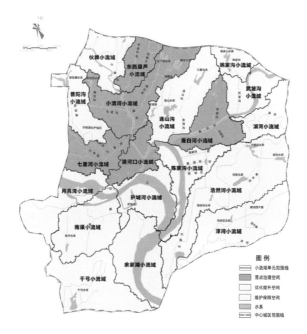

图 5-11　襄阳市中心城区城市水生态系统修复空间布局示意图

5.7　襄阳城市水系统资源保障规划

水资源重点治理空间依托各小流域关键问题统计表及水量关键影响因素,明确其重点修复领域,有针对性地进行相应的修复工作(表 5-9)。水量安全评价关键影响因素为"城市蓄水压力",优化提升空间和维护保障空间则以降低城市蓄水压力为主要修复领域。

表 5-9　重点治理空间各小流域关键问题统计表

重点治理空间	小流域名称	关键问题	要　点
低安全小流域	普陀沟、七里河、小清河、清河口小流域	城市蓄水压力大	—
		社会管理差	—
	月亮湾、南渠、护城河、余家湖、千弓小流域	社会用水压力大	万元工业用水、环境卫生用水量大
		社会管理差	—

规划针对降低城市蓄水压力、降低社会用水压力、加强社会管理三大重点修复领域，分别提出建设城市绿色基础设施、水资源高效利用机制、水资源保护意识提升三项修复对策（表5-10）。

表5-10　三类空间各小流域水资源系统生态修复策略统计表

空 间 类 别	小流域名称	修 复 对 策
重点治理空间	普陀沟、七里河、小清河、清河口小流域	水资源绿色蓄水设施建设对策，水资源保护意识提升对策
	月亮湾、南渠、护城河、余家湖、千弓小流域	水资源高效利用机制建设对策，水资源保护意识提升对策
优化提升空间	伙牌、东西葫芦沟、连山沟、陈家沟、唐白河、姚家沟、武坡沟、滚河、浩然河、淳河小流域	水资源绿色蓄水设施建设对策

5.7.1　水资源绿色蓄水设施建设对策

建设绿色蓄水设施是通过提升植被覆盖率来降低城市蓄水压力的重要对策，包括建设水库水涵养区、山林水涵养区、雨水公园水涵养区、水岸带植被固土补植四项措施，其空间布局见图5-12。

植被素有"绿色水库"之称，能提高土壤孔隙度和水分渗透性，有利于通过吸收降雨补充地下水。因此，植树造林、增加绿化，打造水库、山林水涵养区能够有效提高城市储蓄雨水的能力。此外，植被冠层及枯枝落叶层能够减少雨滴溅蚀，降低水系周边土壤被侵蚀的可能性。因而，补植水岸带植被既能在一定程度上蕴藏雨水、补充地下水，又能够巩固驳岸土壤，保证地表水储备量。

雨水花园水涵养区是人工挖掘的浅凹绿地，是一种生态、可持续的地下水补给与雨水利用设施。其主要由蓄水层、覆盖层、种植土壤层、砂层、砾石层5个部分组成。遵循"渗、滞、蓄、净、用、排"的六字方针，将雨水的利用工程分为雨水的收集、雨水的处理和雨水的供应三个部分。雨水的收集是指汇聚并吸收来自屋顶或地面的雨水，不让雨水很快流走，把它更多地滞留在城市里；雨水的处理是指通过植物、沙土的综合作用使雨水得到净化；雨水

图 5-12　襄阳市中心城区水资源绿色蓄水设施建设规划图

的供应是指使雨水逐渐渗入土壤,涵养地下水,或使之通过穿孔管进入蓄水设备以补给景观用水、厕所用水等城市用水,削减雨洪外排,或流入公园水系、城市排水系统。根据《襄阳市城市绿地系统规划(2012—2020 年)》,选取已规划但仍未建设完成且大于 10 公顷的公园,建设雨水花园,保证每个小流域内都存在一定数量的水涵养区,使各个小流域的蓄水能力都有所提高。另外,沿各水系对裸露土地进行植被补植,减少地表水的流失。

优化提升空间遵循经济原则,维护保障空间凭借本身的水资源安全优势,仅需对小流域内主干水系采取植被补植措施,以巩固其安全水平。

5.7.2　水资源高效利用机制建设对策

月亮湾、南渠、护城河、余家湖、千弓小流域内进行水资源高效利用机制建设,以缓解其工业生产和环境卫生方面带来的水资源压力。水资源高效利用机制是指通过建设中水回用系统或设备来提高水资源利用效率、缓解社会用水压力大的措施,可运用于小区、企业、产业园乃至整个城市。

针对城市环境卫生用水量大的问题,宜在以上 5 个单元内建设小流域级别的中水回用系统,即以小流域为单元,建设内部雨污水收集设备、回用水处理设备、回用水输配管网、用户用水管理端,进行水循环。将收集和处理后的中水,应用于农业、工业、建筑及市政、景观等方面,另外对不同用途的水进行分级污水处理。

针对工业生产污水,应提倡在工业企业内也布置中水回用内部运行系统。在建设有中水回用系统的企业或产业园时,企业的用水除了来自自来水厂的新鲜水资源和流域中水外,还有一部分为收集的雨水及企业自身的重复利用水。月亮湾、南渠、护城河、余家湖、千弓小流域内,工业企业相对较多且较为集中,统一管理的园区为中水回用系统建设试点,包括麒麟工业园、襄阳伺服技术产业园、华中药业产业园和含能材料研制基地,其规划布局见图 5-13。

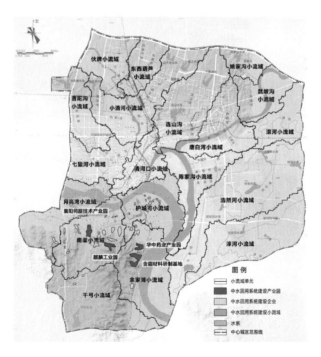

图 5-13　襄阳市中心城区水资源高效利用机制建设规划图

5.7.3　水资源保护意识提升对策

（1）建立和完善水资源管理机制

以小流域为单元,建立区域水资源配置管理部门,定期对该地区水资源供水、用水、境外调水工程和开发利用情况等方面进行调查与分析,深入剖析其存在的问题。围绕经济社会发展布局与预期目标,针对基准年水资源供需平衡分析结果,坚持"优先满足生活用水、适度压减控制农业用水、基本保持生态用水和科学增加社会经济及工业新增用水"的水资源配置总体思路,形成多水源多目标均衡调水安全格局,进行科学规划、优化配置水资源、合理实施建设水源工程（Muivihill WE,1971;张宏建,2015)。加快区域与多水源（地表水、地下水、外调水）间的互联互通、统一调配工程体系是提高城市供水保障程度的必然选择。

（2）建立和完善水土保持体制机制

采用"水土保持委员会＋公司＋居民"的模式,在各小流域分别设立水土保持委员会,并在各小流域设置相应的办公室、监督站、试验站、监测站,对水土流失治理的监督执法工作进行规范化管理。同时,委员会应积极开展水土保持科技示范区建设和居民科普教育活动。委员会为企业和居民提供水土保持及相关技术指导,带动企业和居民投入水土保持事业中,使企业和农户的经济效益与水土保持的生态效益和社会效益得到充分体现,加快水土流失治理速度,发挥国家投资的带动作用,引导社会各界资金、技术等的多元化投入,营造民营水保事业的良好氛围。

（3）节水宣传

在各水资源重点修复区内开展"节水"专题活动,通过公告、讲座、宣传单等形式,调动居民家庭节水积极性,使节约用水成为社区居民的自觉行动。积极推广和提升节水器具的应用和升级,不断提升城市生活节水水平。

5.8　襄阳城市水系统环境改善规划

水环境重点治理空间依托各小流域关键问题及水质关键影响因素,明确其重点修复领域,有针对性地进行相应的修复工作。水质安全评价关键影响因素为"城市净水能力",优化提升空间和维护保障空间则以增强城市

净水能力为主要修复领域(表5-11)。

表5-11 重点治理空间各小流域关键问题统计表

重点治理空间	小流域名称	关键问题	要点
低安全小流域	七里河、普陀沟小流域	城市污水排放量大; 城市排水工程设施不健全; 城市净水能力差	排水管网建设密度不足
单项薄弱小流域	小清河小流域(DZT)	城市污水排放量大; 城市排水工程设施不健全; 城市净水能力差	排水管网建设密度不足
	清河口、护城河、南渠小流域(DXY)	城市排水工程设施不健全; 城市净水能力差	合流制管道较多

针对降低城市污水排放量、完善城市排水工程设施、提高城市净水能力三大重点修复领域,分别提出源头控制、中间环节管控、末端治理的水环境系统生态修复对策(表5-12)。

表5-12 三类空间各小流域水环境系统生态修复策略统计表

空间类别	小流域名称	修复对策	要点
重点治理空间	七里河、普陀沟、小清河小流域	水环境源头控制对策; 水环境中间环节管控对策; 水环境末端治理对策	完善排水管网
	清河口、护城河、南渠小流域	水环境中间环节管控对策; 水环境末端治理对策	雨污分流改造
优化提升空间	唐白河、伙牌、东西葫芦、连山沟小流域	水环境末端治理对策	—
维护保障空间	千弓、姚家沟、武坡沟、滚河、淳河、陈家沟、余家湖、浩然河、月亮湾小流域	水环境末端治理对策	—

5.8.1 水环境源头控制对策

城市污水排放量大,若监管不到位,直排入河或水处理不达标排放的现象发生的风险就越大,宜采取从源头进行控制的对策。

源头控制是指从源头(尤其是工业废水排放源头)阻止污水排入河渠、降低污水排放量,是解决水质污染问题的根本策略之一(Kumar Arun,1997),包括监控、搬迁、关闭三项措施。"监控"是指在工业企业方面,加强政府对城市重点产业园污水排放的监督和管理,倡导和提供生产技术革新;在城市居民生活方面,适当控制区域人口规模,提倡污水回用,加强管理防止生活污水及垃圾倾倒入河;在农业生产方面,提倡使用有机无机复混肥料,避免化学肥料的盲目投入,改盲目施肥为科学施肥。"搬迁"是指搬迁城市重点景观河流水系沿线的工业企业至周边的工业园区。"关闭"是指关闭小型且具有严重污染性的工业企业。

七里河、普陀沟和小清河小流域内展开源头控制策略。襄阳市城市总体规划提出重点建设襄阳市高新技术开发区(包括高新技术产业园、汽车产业园、深圳工业园)、樊城西部的航空航天工业园、襄城南部的余家湖工业园(一区两园)。规划提出在七里河、普陀沟和小清河小流域内,重点监控汽车产业园、高新技术产业园、航空航天产业园。同时,提倡在这三个单元的集中建成区适当控制人口规模,农业用地需减少化肥的使用。另外,七里河和小清河是襄阳市九水之一,是重要的城市生态景观廊道,应逐步搬迁周边严重工业企业。黄龙沟沿线分布有污染性极高的、规模较小的纺织公司和建材制造公司,应予以关闭。在一区两园和泰友科技工业园内的排污企业应通过生产工艺提升改造,实行清洁生产,尽可能提高水资源复用率,从源头降低工业废水排放量;进一步完善工业废水排放标准和相关水污染控制法规和条例,加大执法力度,加强工业企业废水的就地处理或预处理后达到污水处理厂的接管标准,重点监管建材、汽车及其零件制造、电力等排污量较大、对环境影响较严重的产业。水环境源头控制规划图见图 5-14、表5-13。

图 5-14 襄阳市中心城区水环境源头控制规划图

表 5-13 襄阳市中心城区源头削减重点项目库

分期	序号	项目名称	面积/公顷	分 区	备 注	负责单位
近期	1	东津公园耐水花园试点建设	12.34	东津新城	正在建设	市自然资源和规划局
	2	浩然河公园耐水花园试点建设	56.64	东津新城	正在建设	市自然资源和规划局
中期	3	连山公园耐水花园试点建设	252.50	襄州区	已规划，新建公园	市自然资源和规划局
	4	母子公园耐水花园试点建设	14.73	襄州区	已规划，新建公园	市自然资源和规划局
	5	新华游乐园耐水花园试点建设	4.10	樊城区	已建设	市自然资源和规划局
	6	龙堤公园耐水花园试点建设	3.30	襄城区	已建设	市自然资源和规划局

续表

分期	序号	项 目 名 称	面积 /公顷	分　区	备　　注	负 责 单 位
远期	7	杨庄生态社区 试点建设	21.47	襄州区	拆迁， 新建小区	市住房和 城乡建设局
	8	李庄生态社区 试点建设	15.62	襄州区	拆迁， 新建小区	市住房和 城乡建设局
	9	乔家营生态社 区试点建设	29.89	樊城区	拆迁， 新建小区	市住房和 城乡建设局
	10	庞公祠生态社 区试点建设	6.66	襄城区	拆迁， 新建小区	市住房和 城乡建设局
	11	苏家园生态社 区试点建设	5.44	襄城区	拆迁， 新建小区	市住房和 城乡建设局

5.8.2　水环境中间环节管控对策

社会水循环包括用水主体污水排放、排水管网运输以及净水设备净化三个阶段，排水工程建设属于水循环的中间环节。对于襄阳水环境重点修复空间 6 个小流域均存在排水工程设施不健全的问题，提出中间环节管控的修复策略，即完善排水工程建设，主要包括污水管网新建扩建、雨污分流改造两项措施。清河口、护城河、南渠小流域排水管网建设情况较好，但合流制管道较多。七里河、普陀沟和小清河小流域正好相反，面对不同的问题有针对性地提出策略。

规划建议依据《襄阳市城市排水规划（2013—2030 年）》管网的现状，以水为依托，明确各单元污水管网新建扩建、雨污分流改造具体位置和范围，制定襄阳水环境中间环节管控关键区域（图 5-15）及重点项目（图 5-16、表 5-14）。

189

图 5-15　襄阳市中心城区水环境中间环节管控规划图

图 5-16　襄阳市中心城区过程控制重点项目规划图

表 5-14　襄阳市中心城区过程控制重点项目库

分期	序号	项目名称	分　　区	线路起止点	负责单位
近期	1	七里河河道清淤	樊城区	—	市水利和湖泊局
	2	普陀沟河道清淤	樊城区	—	市水利和湖泊局
	3	仇家沟河道清淤	樊城区	—	市水利和湖泊局
	4	连山沟河道清淤	襄州区	—	市水利和湖泊局
	5	东葫芦沟河道清淤	襄州区	—	市水利和湖泊局
	6	西葫芦沟河道清淤	襄州区	—	市水利和湖泊局
	7	张湾沟河道清淤	襄州区	—	市水利和湖泊局
	8	南渠河道清淤	襄城区	—	市水利和湖泊局
中期	9	大庆东路雨污分流改造	樊城区	中原西路-汉江大道	市住房和城乡建设局
	10	长虹路雨污分流改造	樊城区	汉江南路-大吕沟路	市住房和城乡建设局
远期	11	檀溪路雨污分流改造	襄城区	二广高速-环城东路	市住房和城乡建设局
	12	航空路雨污分流改造	襄州区	车城南路-华强路	市住房和城乡建设局
	13	永安路雨污分流改造	襄州区	车城南路-荣华路	市住房和城乡建设局
	14	车城南路雨污分流改造	襄州区	永安路-航空路	市住房和城乡建设局

5.8.3　水环境末端治理对策

城市污水净化能力是城市水质的关键影响因素,采用打捞与复合微生物剂投放等人工净化手段是最有利、见效快的末端净化方式。打捞适用于处理污染水体中肉眼可见的垃圾,复合微生物剂主要用于降解污染水体中无法打捞、细小的污染物质,两种方式相互配合、相互补充,形成强有力的清除水体内的有机污染物质、控制其富营养化程度、钳制有害微生物滋生的人工净化手段。

对于重点治理空间的流域,将水系划分为上、中、下游,上游采取增添挺水植被带的措施,净化上游小流域带来的污染物质。中游通过打捞与复合微生物剂投放,缓解自身流域产生的污染。下游若为城市集中建成区则建设人工浮床,在净化水污染的同时,提高水系观赏价值,若为非建成区则适当增添挺水植被,降低对下游小流域的干扰。水环境末端治理规划图见图5-17。

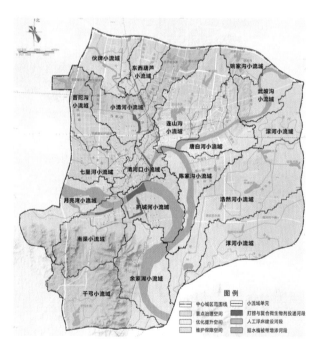

图 5-17　襄阳市中心城区水环境末端治理规划图

末端净化的另一重要策略是集中式污水处理厂扩建与小型分散式污水处理设施共建共享。集中式污水处理厂扩建方面,在污水收集管网完善后污水厂需增容扩建。樊城区和襄州区污水主要纳入鱼梁洲污水厂进行处理,二汽基地污水主要纳入东风污水厂进行处理。小型分散式污水处理设施方面,一体化污水处理设施具有构筑物少、基建投资小、结构紧凑、占地面积小、减少管网的建设、有效回用废水等诸多优点,"以大型为主,小型互补"
的布局符合襄阳实际。规划在普陀沟、连山沟、深圳工业园等处建设三座分
散式污水处理设施,末端净化项目规划图见图 5-18,重点项目库见表 5-15。

图 5-18　襄阳市中心城区末端净化项目规划图

表 5-15　襄阳市中心城区末端净化重点项目库

分期	服务区域	污水处理厂	现状规模	设计规模	备　　注	负责单位
近期	高新技术产业园	普陀沟分散式污水处理设施	—	—	新建,工业污水处理	市住房和城乡建设局
	张湾街道	连山沟分散式污水处理设施	—	—	新建,工业污水处理	市住房和城乡建设局
	深圳工业园	深圳工业园分散式污水处理设施	—	—	新建,工业污水处理	市住房和城乡建设局

续表

分期	服务区域	污水处理厂	现状规模	设计规模	备　注	负责单位
中期	樊城区和襄州区	鱼梁洲污水处理厂	300000 t/d	540000 t/d	已建,需提标改造	市住房和城乡建设局
远期	二汽基地专用污水处理厂	东风污水处理厂	20000 t/d	40000 t/d	已建,需提标改造	市住房和城乡建设局

5.9　襄阳城市水系统灾害防治规划

水灾害重点治理空间依托各小流域关键问题及水患关键影响因素,明确其重点修复领域,有针对性地进行相应的修复工作(表 5-16)。水患安全评价关键影响因素为"基本孕灾环境",优化提升空间和维护保障空间则以改善基本孕灾环境为主要修复领域。

表 5-16　襄阳市中心城区重点治理空间各小流域关键问题统计表

重点治理空间	小流域名称	关键问题	要点
低安全小流域	陈家沟、唐白河小流域	基本孕灾环境差;	—
		防洪排涝工程设施建设不足;	—
		社会救援能力弱	—
	七里河小流域	基本孕灾环境差;	—
		防洪排涝工程设施建设不足;	—
		社会救援能力弱	路网密度不足
单项薄弱小流域	南渠小流域(GYL)	基本孕灾环境差	—
	清河口、护城河小流域(DZT)	基本孕灾环境差;	—
		防洪排涝工程设施建设不足;	—
		社会救援能力弱	路网密度不足
	伙牌小流域(DXY)	防洪排涝工程设施建设不足;	—
		社会救援能力弱	—

　　针对基本孕灾环境、防洪排涝工程设施建设、社会救援能力三大重点修复领域,分别提出防洪涝绿色基础设施建设、洪涝工程设施建设、水灾害安全相关设施建设三项修复对策(表 5-17)。

表 5-17　襄阳市中心城区三类空间各小流域水灾害系统生态修复策略统计表

空间类别	小流域名称	修　复　对　策	要　　点
重点治理空间	陈家沟、唐白河、伏牌小流域	水灾害防洪涝绿色基础设施建设对策;	—
		水灾害洪涝工程设施建设对策;	—
		水灾害安全相关设施建设对策	—
	七里河、清河口、护城河小流域	水灾害防洪涝绿色基础设施建设对策;	—
		水灾害洪涝工程设施建设对策;	—
		水灾害安全相关设施建设对策	完善路网密度
	南渠小流域	水灾害防洪涝绿色基础设施建设对策	—
优化提升空间	普陀沟、小清河、东西葫芦、余家湖、月亮湾、连山沟小流域	水灾害防洪涝绿色基础设施建设对策	—
维护保障空间	千弓、姚家沟、淳河、浩然河、滚河、武坡沟小流域	水灾害防洪涝绿色基础设施建设对策	—

5.9.1　水灾害防洪涝绿色基础设施建设对策

　　在重点治理空间各小流域内,依托小流域主干水系建设小流域生态绿廊,选取交通性和生活性城市主干道设置沿街绿带,并基于襄阳市中心城区总体规划,采用见缝插针的手段,将闲置用地或棚户区拆迁建设街头绿地。同样以小流域为基本修复单元,优化提升空间采取建设小流域绿廊和街头绿地的形式,适当提升水患安全状况。维护保障空间水患发生情况较少,仅需建设小流域绿廊,加以维护即可。襄阳市中心城区,以街头小绿地为绿化斑块,各小流域主干水系生态廊道交织相连,形成"斑-廊-网"状生态安全格局(图 5-19)。

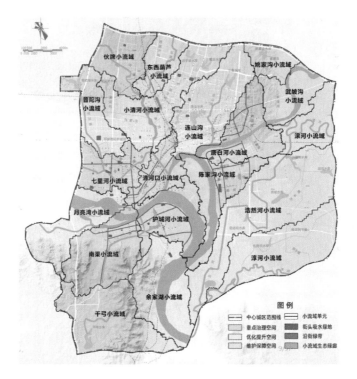

图 5-19　襄阳市中心城区水灾害防洪涝绿色基础设施建设规划图

5.9.2　水灾害洪涝工程设施建设对策

　　水灾害洪涝工程设施建设是提升城市防洪和排涝能力的重要手段之一，主要包括堤防整治加固、雨水管道升级改造两项措施。

　　襄阳市中心城区河流纵横，在堤防工程中渗流破坏非常普遍，随着汛期水位的升高，堤身内的浸润线逐步形成并不断抬高，堤基和堤身内的渗透比降也逐渐增大，堤防的内在隐患会加速洪水灾害的发生和发展（王淑春，2008）。规划重点在陈家沟、唐白河、七里河、清河口、护城河、伏牌小流域进行堤防整治加固和雨水管道升级改造。

　　通过襄阳市积水点资料调查（图 5-20），选取内涝点较为集中的地区作为雨水管道新建和干管扩容项目、排水泵站布点的重点区域。具体洪涝工程设施建设规划图见图 5-21。

图 5-20　襄阳市中心城区内涝易发区分布图

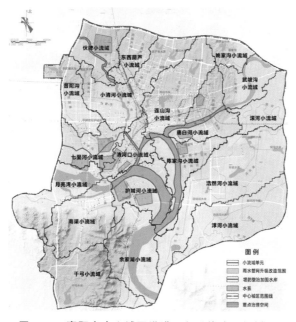

图 5-21　襄阳市中心城区洪涝工程设施建设规划图

5.9.3 水灾害安全相关设施建设对策

水灾害安全相关设施建设是指发生灾害时的生命线系统,包括道路系统完善、电力通信设施建设、公共服务设施建设等。襄阳市中心城区水灾害安全相关设施建设规划图见图5-22。

图 5-22 襄阳市中心城区水灾害安全相关设施建设规划图

规划通过建设海绵城市项目试点带动局部地区改造,包括:①大型耐水花园和生态小区建设,遵循"渗、滞、蓄、净、用、排"的六字方针,将雨水的利用工程分为雨水的收集、雨水的处理和雨水的供应;通过建设下沉花园系统和树阵绿化带下凹绿地系统来收集雨水,削减雨洪外排,并用作绿地灌溉;选取新华游乐园、龙堤公园、浩然河公园、东津公园为大型耐水花园试点。

②建设生态小区,在车行道、人行道和停车场旁建设下凹式绿地,并铺设透水地面、建设雨水沟、沉淀池,形成屋面与庭院雨水收集利用系统,收集雨水经地下蓄水池蓄存后回用;选取襄城古城片区的苏家园、庞公祠,樊城施营片区乔家营,襄州肖湾片区的杨庄、李庄等作为生态小区试点。具体规划布局及项目库见图 5-23、表 5-18。

图 5-23　襄阳市中心城区海绵城市建设试点规划布局图

表 5-18　襄阳市中心城区海绵城市建设试点项目库

分期	序号	项目名称	面积/公顷	分区	备　注	负责单位
近期	1	东津公园耐水花园试点建设	12.34	东津新城	正在建设	市自然资源和规划局

续表

分期	序号	项目名称	面积/公顷	分区	备注	负责单位
近期	2	浩然河公园耐水花园试点建设	56.64	东津新城	正在建设	市自然资源和规划局
中期	3	连山公园耐水花园试点建设	252.50	襄州区	已规划，新建公园	市自然资源和规划局
	4	母子公园耐水花园试点建设	14.73	襄州区	已规划，新建公园	市自然资源和规划局
	5	新华游乐园耐水花园试点建设	4.10	樊城区	已建设	市自然资源和规划局
	6	龙堤公园耐水花园试点建设	3.30	襄城区	已建设	市自然资源和规划局
远期	7	杨庄生态社区试点建设	21.47	襄州区	拆迁，新建小区	市住房和城乡建设局
	8	李庄生态社区试点建设	15.62	襄州区	拆迁，新建小区	市住房和城乡建设局
	9	乔家营生态社区试点建设	29.89	樊城区	拆迁，新建小区	市住房和城乡建设局
	10	庞公祠生态社区试点建设	6.66	襄城区	拆迁，新建小区	市住房和城乡建设局
	11	苏家园生态社区试点建设	5.44	襄城区	拆迁，新建小区	市住房和城乡建设局

5.10　襄阳城市水系统生态恢复规划

水生态重点治理空间依托各小流域关键问题及水活力关键影响因素，

明确其重点修复领域,有针对性地进行相应的修复工作(表 5-19)。水活力安全评价关键影响因素为"河道建设基本情况",优化提升空间和维护保障空间则以改善河道建设基本情况为主要修复领域。

表 5-19　襄阳市中心城区重点治理空间各小流域关键问题统计表

重点治理空间	小流域名称	关 键 问 题	要　点
低安全小流域	东西葫芦、七里河小流域	河道建设基本情况差; 社会破坏力度强; 水生环境保护与管理力度不足	—
单项薄弱小流域	清河口小流域(GYL)	社会破坏力度强	—
	小清河、唐白河小流域(DXY)	水生环境保护与管理力度不足	—

针对河道建设基本情况差,规划提出水生态河道综合服务效能提升的修复策略。针对控制社会破坏力度、加强水生环境保护与管理力度两大重点修复领域,提出水生态保护意识提升的修复对策(表 5-20)。

表 5-20　襄阳市中心城区三类空间各小流域水生态系统生态修复策略统计表

空 间 类 别	小流域名称	修 复 对 策	要　点
重点治理空间	东西葫芦、七里河、清河口、小清河、唐白河小流域	水生态河道综合服务效能提升对策; 水生态保护意识提升对策	—
优化提升空间	伙牌、东西葫芦、连山沟、南渠、姚家沟、武坡沟、余家湖、浩然河、护城河小流域	水生态河道综合服务效能提升对策	—
维护保障空间	滚河、千弓、月亮湾、淳河、陈家沟小流域	水生态河道综合服务效能提升对策	—

5.10.1 水生态河道综合服务效能提升对策

水生态河道综合服务效能提升是以打造和保障水生动植物的生存空间,并控制和规划居民的涉水活动空间,来改善河道基本建设情况、激发水活力的修复对策,包括驳岸修建类型划分和工程建设两项措施。

在驳岸修建类型划分方面,各小流域单元基于水生态安全评价空间分析结果进行重点项目规划布局。对于严重不安全河段,硬质化程度高、水生动植物生存情况和水景吸引力较低,则将其进行景观重塑,作为居民活动的重要场所,打造硬质化游憩驳岸。选取较严重河段,适当将刚性水岸柔化,建设刚柔并蓄的复式游憩驳岸,进一步满足居民的亲水活动需求。选取临界安全河段及城市集中建成区内的较安全和非常安全河段打造人工生态驳岸,修复被城市开发建设所破坏的水岸空间,为水生动植物的生存提供更加充分、安逸的活动场所。其余位于非集中建成区的临界、较安全和非常安全河段打造自然生态驳岸,保证水岸的原生态自然美景,是水生动植物最佳的生存空间。具体项目空间布局见图 5-24。

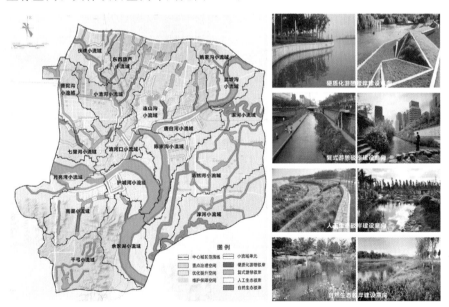

图 5-24 襄阳市中心城区水生态驳岸修建类型划分对策意向及规划图

在工程建设方面,对重点治理空间各小流域的主干水系进行河床柔性
化改良,可选用两种方式:挖出原混凝土底层,补铺一层较厚的沙土;在河床
上铺设块石、卵石、砾石等。同时,建设溢流堰,能调节水流速度、为微生物
及小型水生动物提供栖息场所,并进行植物层次化配置,美化水岸环境。其
中,植物层次化配置需在岸底带、水岸交错带、堤岸带和岸顶带选取各类植
被,进行组合,依次布置沉水植物、浮水植物、挺水植物、湿生植物、中生植物
等,能有效提高水生态的景观效应,有力衔接人类社会与自然界,实现二者
和谐共处(表 5-21)。岸线修复计划见表 5-22。

表 5-21　水生植物分层级种类列表

堤 岸 带	植被类别	生 长 特 点	应 用 举 例
岸底带	沉水植物	整个植物沉入水中, 根茎生长在河流底部的泥中	苦草、金鱼藻、 狐尾藻、黑藻等
	浮水植物	植被浮于水面	浮萍、凤眼蓝、大藻等
水岸 交错带	挺水植物	根生长在水下的泥中, 上部植株长出水面	香蒲、荷花、 梭鱼草、美人蕉等
堤岸带	湿生植物	生长在湿润的土壤中, 但根部不能浸没在水中	细叶灯心草、红蓼等
岸顶带	中生植物	适宜种植在堤岸上, 介于湿生植物和旱生植物之间, 自然界中,中生植物数量最大,种类也多	草地、灌木、 大多数的阔叶树等

表5-22 襄阳市中心城区岸线修复计划

分期	项目名称	驳岸类型	策略	具体修复措施	示意图	负责单位
近期	七里河驳岸建设	待提升刚性驳岸	柔性化处理（刚性驳岸柔性化）	(1)平整道路；(2)增添绿化，破除硬质化；(3)优化植被组合，丰富物种；(4)清除垃圾；(5)完善设施，补充路灯、垃圾桶、座椅等城市家具		市住房和城乡建设局
	唐白河驳岸建设	原生态柔性驳岸	生态化处理（建设一般生态驳岸）	(1)清除杂草和垃圾；(2)加强堤胸防洪能力，增添绿化，优化植被组合，丰富物种；(3)规划滨水人行步道		市住房和城乡建设局
中期	唐白河驳岸建设	原生态柔性驳岸	生态化处理（建设一般生态驳岸）	(1)清除杂草和垃圾；(2)满足防洪要求的前提下，增添绿化，优化植被组合，丰富物种；(3)规划滨水人行步道		市住房和城乡建设局

续表

分期	项目名称	驳岸类型	策　略	具体修复措施	示　意　图	负责单位
中期	唐白河驳岸建设	原生态柔性驳岸	生态化处理（建设远水型生态驳岸）	(1)清除杂草和垃圾； (2)加强堤脚防洪能力，增添绿化，优化植被组合，丰富物种； (3)规划滨水人行步道		市住房和城乡建设局
远期	汉江驳岸建设	原生态柔性驳岸	生态化处理（建设一般生态驳岸）	(1)清除杂草和垃圾； (2)加强堤脚防洪能力，增添绿化，优化植被组合，丰富物种； (3)规划滨水人行步道		市住房和城乡建设局

5.10.2　水生态保护意识提升对策

水生态保护意识提升对策主要是建立城市水生态监测体系,重点监测湿地、水生生物及生境要素,建设水生态数据库。建立小流域水生态保护管理组织机构及多部门协调机制,制定科学的管理措施,提高水生态保护能力。另外,建立政府和开发商共同投资机制,政府投资市政基础设施等前期工程建设,增强地区投资吸引力,投资商在进行房地产、第三产业投资时,应同时支撑起河道水生态的建设投资,河道近自然化的发展反过来进一步增强了该区域的投资吸引力,从而形成良性循环。最后,还需组织基层群众与其他利益相关者参观优秀试点项目,举办讲座、社区研讨会等一系列活动,达成多项可行方案,加强公众参与程度,提高公众的水生态保护意识。

5.11　以绿地系统修复为核心的水源涵养规划

城市绿地是城市生态系统的重要组成部分,具有巨大的生态价值,包括调节气候、固碳释氧、保持土壤、涵养水源、净化环境、减弱噪声、生物多样性保护等生态服务功能。城市水系统生态修复也要考虑绿地系统的水源涵养价值与功能,进行整体布局与项目安排。在襄阳绿地系统现状分析的基础上总结问题,结合襄阳城市特色,明确要以"绿地成网,服务均衡"为绿地系统修复目标,打造有特色的国家园林城市。

规划构建"一核一环九廊"的绿地系统网络(图 5-25、表 5-23)。"一核"是指鱼梁洲生态绿核;"一环"是指城市外环线两侧不小于 100 m 宽的防护绿带;"九廊"是指七里河(大李沟)、襄水河(南渠)、连山沟、浩然河、滚河、淳河、小清河、唐白河和汉江滨河绿廊。以河流水系为骨架,串联绿色开敞空间和各大水库,形成滨水特色绿道网络。此外,沿城市主次干道、铁路、高压线走廊、山脚、工业与居住用地之间补全防护绿地,交叉成网。适当补充社区级公园绿地,呈斑点状均衡分布。

同时要通过优化配置城市公园,拓展绿色空间,提高城市绿化效果。充分利用现有良好资源,近期在现状建成区内增设大型综合公园和专项公园共 7 处,使建成内区公园均衡分布(图 5-26、表 5-24)。

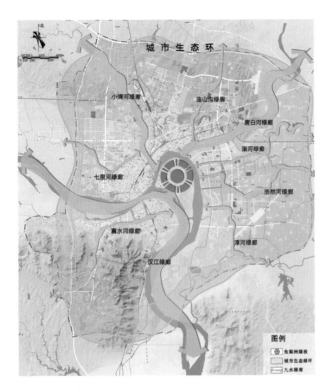

图 5-25　襄阳市中心城区绿地系统整体格局

表 5-23　襄阳市中心城区生态网络骨架控制要求

分期	项目名称	策略	具体内容	管控刚性要求	管控弹性要求	负责单位
近期	汉江绿廊	改造提升	汉江	绿线管控区:两侧不少于80 m防护绿地	基础条件较好,改造提升为主。有条件的地方可控制在250 m以上	市生态环境局
	淳河绿廊	补充新增	淳河	绿线管控区:两侧不少于50 m防护绿地	有条件的地方可控制在100 m以上	市生态环境局

续表

分期	项目名称	策略	具体内容	管控刚性要求	管控弹性要求	负责单位
近期	滚河绿廊	补充新增	陈家沟-滚河	绿线管控区：两侧不少于50 m防护绿地	有条件的地方可控制在100 m以上。非滚河沿岸的绿带宽度不小于50 m	市生态环境局
	浩然河绿廊	补充新增	景观河-胡沟水库	绿线管控区：两侧不少于30 m防护绿地；水库周边控制不少于100 m防护绿地	非水系沿岸的绿带宽度不小于30 m	市生态环境局
中期	鱼梁洲生态绿核	补充新增	鱼梁洲	绿线管控区：两侧不少于100 m防护绿地	汉水文化及国家生态休闲度假目的地	市生态环境局
	城市生态环	补充新增	外环线	两侧不小于100 m防护绿地	—	市生态环境局
	唐白河绿廊	改造提升	唐白河	绿线管控区：两侧不少于80 m防护绿地	有条件的地方可控制在100 m以上	市生态环境局
	小清河绿廊	改造提升	小清河	绿线管控区：两侧不少于80 m防护绿地	有条件的地方可控制在100 m以上	市生态环境局
	七里河绿廊	改造提升	七里河	绿线管控区：两侧不少于50 m防护绿地	有条件的地方可控制在100 m以上	市生态环境局
远期	襄水河绿廊	改造提升	襄水河	绿线管控区：两侧不少于25 m防护绿地	有条件的地方可控制在30 m以上	市生态环境局
	连山沟绿廊	补充新增	连山沟	绿线管控区：两侧不少于50 m防护绿地	有条件的地方可控制在100 m以上	市生态环境局

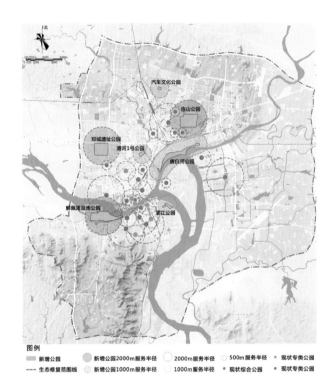

图 5-26 襄阳市中心城区增添大型公园项目分布图

表 5-24 襄阳市中心城区近期增添大型公园行动计划项目库

分期	序号	名　称	面积/公顷	分　类	分区	功能	备注	负责单位
近期	1	连山公园	252.50	市级综合公园（G111）	襄州区	游憩、观赏、生态	已规划	市生态环境局
	2	汽车文化公园	7.38	专类公园（G137）	襄州区	展览、文娱	已规划	市生态环境局

209

分期	序号	名 称	面积/公顷	分 类	分区	功能	备注	负责单位
中期	3	唐白河公园	160.08	区级综合公园（G112）	襄州区	游憩、观赏、生态	已规划	市生态环境局
	4	邓城遗址公园	202.27	专类公园（G135）	樊城区	纪念、教育、休闲、野营	已规划	市生态环境局
	5	清河1号公园	38.90	区级综合公园（G112）	樊城区	游憩、观赏、生态	已规划	市生态环境局
远期	6	滨江公园	24.20	区级综合公园（G112）	襄城区	体育活动、游憩	已规划	市生态环境局
	7	解佩渚湿地公园	231.09	市级综合公园（G111）	东津新区	水上活动、游憩	已规划	市生态环境局

此外，通过大量建设口袋公园增加绿化覆盖率，通过闲置地复绿和拆迁建绿两种方式，近期在现状建成区内建设口袋公园共 22 处，方便市民活动，实现"300 米见绿，500 米见园"（图 5-27、表 5-25）。

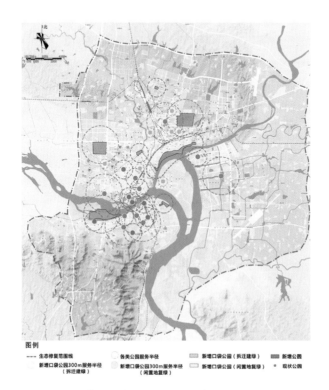

图 5-27　襄阳市中心城区增添口袋公园项目分布图

表 5-25　襄阳市中心城区近期增添口袋公园行动计划项目库

分期	口袋公园编号	分区	面积/公顷	具体措施	备注	负责单位
近期	8	襄州区	5.93	闲置地复绿	已规划	市生态环境局
	9	襄州区	7.49	闲置地复绿	已规划	市生态环境局
	10	襄州区	3.33	闲置地复绿	已规划	市生态环境局
	11	襄州区	1.49	闲置地复绿	已规划	市生态环境局
	12	襄州区	2.19	闲置地复绿	已规划	市生态环境局
	13	襄州区	4.94	闲置地复绿	已规划	市生态环境局

续表

分期	口袋公园编号	分区	面积/公顷	具体措施	备注	负责单位
中期	1	樊城区	10.90	闲置地复绿	已规划	市生态环境局
	2	樊城区	0.40	闲置地复绿	已规划	市生态环境局
	3	樊城区	3.16	闲置地复绿	已规划	市生态环境局
	4	樊城区	0.94	闲置地复绿	已规划	市生态环境局
	5	樊城区	9.25	闲置地复绿	已规划	市生态环境局
	6	樊城区	6.33	闲置地复绿	已规划	市生态环境局
	7	樊城区	1.82	闲置地复绿	已规划	市生态环境局
远期	14	樊城区	0.84	拆迁建绿	已规划	市生态环境局
	15	樊城区	2.04	拆迁建绿	已规划	市生态环境局
	16	樊城区	1.09	拆迁建绿	已规划	市生态环境局
	17	樊城区	9.53	拆迁建绿	已规划	市生态环境局
	18	樊城区	2.90	拆迁建绿	已规划	市生态环境局
	19	樊城区	1.38	拆迁建绿	已规划	市生态环境局
	20	樊城区	1.06	拆迁建绿	已规划	市生态环境局
	21	襄州区	6.15	拆迁建绿	已规划	市生态环境局
	22	襄州区	4.60	拆迁建绿	已规划	市生态环境局

5.12 襄阳水系统生态修复规划要点总结

本章在对城市水系统生态修复的政策背景、研究与实践、规划内容、修复技术进行解析的基础上,以襄阳市为例提出其城市水系统生态修复规划的主要对策。

①城市水系统生态保护与修复的总体方向是绿色发展,保护优先;流域总体规划和系统修复并重;综合性治理和技术创新同步。城市水系统生态修复的基本原则是问题导向、统筹协调、因地制宜、坚持水生态文明、经济可行。城市水系统生态修复的主要策略包括山水格局保护、确定生态修复的

工作范围;以水安全为导向提出城市水资源保障、水环境改善、水灾害防治、水生态恢复为目标的具体对策和项目空间布局,提出近期建设的主要项目,落实责任单位和目标责任;确定水系统生态修复的关键技术和关键区域;提出面向水安全和水生态文明的水系统综合治理对策。

　　②实证研究部分,提出襄阳市中心城区水系统生态修复应实现"缩减短板,人水共生"的总体目标,涵盖"资源充沛,循环持续""污染降低,系统自净""防洪排涝,安全韧性""品质提升,景观塑造"四个主要方面。规划对襄阳市中心城区的小流域根据其水安全评价结果划分为重点治理空间、维护保障空间、优化提升空间,进而从水系统资源保障、环境改善、灾害防治、生态恢复等方面针对性地提出规划布局和重点项目计划。

第6章　城市水系统综合防治展望

6.1　研究结论与局限

本书在解析城市水系统的构成与特征、城市化过程中的水系统问题的基础上,创新性地提出适用于城市水安全评价的理论模型,并在此基础上对湖北省襄阳市进行实证分析,定量化评估了其水系统的主要问题、重要领域和关键节点,进而提出以城市水安全为导向的城市生态修复规划的目标、原则、内容、技术,并对襄阳市进行了生态修复规划的实践探索。

6.1.1　研究结论

（1）从"压力-状态-响应"视角,构建城市水安全评价模型

城市水安全评价的对象是城市水系统,基于 PSR 模型,紧密结合城市水系统的组成及内部因果关系,得知"状态"对应城市水系统内"水量、水质、水患、水活力","压力"和"响应"分别对应城市水系统内水量、水质、水患、水活力所面临的"威胁""维护治理能力"。模型构建分为评价范围确定、评价指标选择、综合评价方法、评价结果分析方法四个部分。

本书提出进行"分类别-分层次-分空间"的城市水系统安全评价范围。即以"市域"为"城市水资源安全评价"的研究范围;以"中心城区"为"城市水环境和水灾害安全评价"的研究范围;以"水系及其核心缓冲区"为"城市水生态安全评价"的研究范围。

在评价指标选择部分,根据城市水系统内"威胁"、"水量、水质、水患、水活力"和"维护治理能力"的具体细分,分城市水资源、水环境、水灾害以及水生态四大子系统筛选评价指标,构建评价指标体系。

在综合评价方法部分,将各指标数据叠加,可获取压力、状态、响应安全评价空间分析图和各子系统综合评价空间分析图。并统计各小流域压力、状态、响应及综合评价结果中的各安全等级地区面积占比,确定高、中、低、

单项薄弱小流域,为城市水系统生态修复的空间布局提供依据。

在评价结果分析方法部分,城市水安全关键问题诊断以低安全、单项薄弱小流域为研究对象。通过对城市水系统内"压力"和"响应"的安全情况判断,来分析导致小流域处于低安全或单项薄弱类别的关键问题所在。通过对城市水系统内"压力"和"响应"相关的影响因素组分别与水量、水质、水患、水活力安全情况的关联度计算,确定影响"水量-水质-水患-水活力"的关键影响因素,为城市水系统生态修复具体策略提供依据。

(2)襄阳市中心城区城市集中建成区水安全问题

通过对襄阳城市水资源、水环境、水灾害、水生态四大子系统进行安全评价和问题识别,结果表明其城市集中建成区内水问题突出。

襄阳城市水资源安全的症结在于樊城和襄城,其涉及的小流域存在城市蓄水压力大、社会用水压力大、社会管理差的问题。襄阳市中心城区西北地区的水环境安全状况远不及东南地区,其中,七里河、普陀沟、小清河、清河口、护城河、南渠小流域的水环境安全问题最为严峻,存在城市污水排放量及产生风险大、城市污水工程建设不完善、城市净水能力不足的问题。襄阳市中心城区整体水灾害安全水平较好,但集中建成区内的陈家沟、七里河、唐白河、南渠、伙牌小流域的问题相对较多,涉及孕灾环境、防洪排涝工程设施建设不完善、社会救援能力不足三个方面。襄阳市城市集中建成区的各小流域水生态安全情况普遍较差。其中,东西葫芦、七里河、清河口、小清河、唐白河小流域最严重,其关键问题包括河道建设基本情况差、社会破坏力度强、水生环境保护与管理力度不足。

(3)"分系统、分空间、分流域"的襄阳城市水系统生态修复策略

基于襄阳城市水安全评价及问题识别结果,针对城市水资源、水环境、水灾害和水生态系统问题,提出水系统生态修复的资源保障对策、环境改善对策、灾害防治对策及生态恢复对策,能够提升水量、改善水质、减少水患和激发水活力,进而有效促进四大子系统之间的良性互动,最终实现整个城市水系统的优化。

以流域为基本修复单元,基于重点治理空间各小流域的关键问题诊断及"水量、水质、水患、水活力"的关键影响因素识别结果,针对梳理得到的城

市蓄水能力不足、社会管理差、社会用水压力大三大问题,分别提出水资源绿色蓄水设施建设、水资源高效利用机制建设、水资源保护意识提升三项修复对策。在环境改善方面,针对城市污水排放量大、城市排水工程设施不健全、城市净水能力差的问题,分别提出源头控制、中间环节管控、末端治理三项修复对策。在灾害防治方面,针对不利的基本孕灾环境、防洪排涝工程设施建设不足、社会救援能力弱的问题,提出水灾害防洪涝绿色基础设施建设、水灾害洪涝工程设施建设、水灾害安全相关设施建设三项修复对策。在生态恢复方面,针对河道建设基本情况差、社会破坏力度强、水生环境保护与管理力度不足,提出水生态河道综合服务效能提升、水生态保护意识提升两项修复对策。

6.1.2　研究局限

随着城市的建设和发展,城市水系统安全状况实时发生着变化,各个城市又千差万别。本书研究的局限性表现在:一是建立一个具有广泛适应性的城市水系统安全评价体系还存在着很多困难,有待更深入的探讨及实践的检验;二是城市水系统是一个动态的循环系统,任何一个因素的变化都会影响到其他因素甚至整个生态系统,单纯的静态评估模型较难准确地对这一动态过程进行全面的量化评价;三是研究中以理论为导向提出水系统生态修复的对策和关键技术还需要通过实践加以修正和优化,并通过实践再进行理论的再创新。

6.2　城市水系统综合防治展望

目前,我国正处于城市化和工业化的迅速发展阶段。社会经济发展对于水生态环境的影响将持续下去,水系统的安全也将面临各种各样的挑战和重大风险,而城市地区的水系统安全压力尤为突出。水系统问题逐渐从区域性和局部性向整体性和国家性变化。社会经济对水系统压力负荷的空间发生转移,以至于水生态条件较好的区域出现严重恶化的危险。城市水系统的生态修复又是一项长期而艰巨的任务,会成为相当长一段时间内我国生态环境治理的重点领域。可以展望,未来城市水系统也将由局部生态修复走向水系统的全面综合防治,其中构建区域性的水生态文明体系、综合应用水系统修复的工程与非工程措施、开展跨学科的城市水系统安全保障研究将是新的发展领域。

6.2.1　构建区域性水生态文明体系

①区域层面要加强流域协调管理,实施"山水林田湖草海"的综合治理。让水生态及水量和水质规划统一,制定科学的水生态保护及修复方案,尽快实施流域水资源的保护。促进流域的综合治理,改善污染防治和水资源保护的协调机制,健全水生态的补偿机制,调节经济利益和生态环境保护之间的关系。以水源涵养区、生态保护区、重要湿地、河源区和脆弱区为重点开展水生态修复,退养还滩、退耕还湿,逐渐开始扩增河湖水域、湿地等一些生态绿色空间。

②加强城市规划的引领作用。快速建立完整的水生态文明体系,规划、引导及约束利用、开发水生态和水资源的各种行为;控制建设项目占领自然岸线,城市规划要保留一定面积的水域;结合我国的功能区划和生态区划,了解水生态的空间分区,划出湖泊、河流的保护管理范围,以及划出生态环境的脆弱区域;限制用水量,开始逐步恢复被占领河流的生态环境用水及过度开发的地下水。

③加强城市重点区域的水系统生态修复。城市是水资源缺乏、水污染严重、水灾害频发、水生态破坏的核心区域,因此也是水系统生态修复的关键区域。要在水生态文明城市建设的引导下,构建水清、河畅、景美的人类生活用水和谐生活空间,以此促进流域和区域水生态的提高及完善。加快海绵城市的建设,运用"渗、蓄、排、用、净"等策略,根据当地条件,合理安排水的滞流、收集和利用等。增加凹形绿地、草种沟、人工湿地、透水性路面及砂石地面和天然地基,以及城市的可渗透空间,如停车场和广场,确保充足的空间用于洪水蓄滞。

④建立生态水网的体系,实现城市河道湖水系统的连通性。实施城市河道湖水连通是提升水利工程保障能力、优化水资源、推进水生态建设文明的一项有效策略。坚持天然连通性和人工连通互相结合,依托天然河湖水系统以及大中型的蓄水工程,加快河道湖泊的连通建设,增强河流与湖泊的连通性,提高河流和湖泊水环境的容量,复原其河流湖泊的生态系统,积极

开展清淤疏浚,建立人工通道,加强江河湖泊的连通性。

6.2.2　综合应用水系统修复的工程与非工程措施

往后一段时期,我国水系统保护与修复工作要主要考虑水资源的短缺以及水环境恶化和水管理基础薄弱等相关问题,因此需要综合应用各种工程性和非工程性措施,通过技术集成进行全面修复。

①工程性措施方面,要注重建设友好生态型的城市水工程体制,发挥水工程的生态保护和修复作用。增强水生态的保护与修复,加强新技术、新材料的开发应用。为了让水工程的规划设计更加标准规范,要协调生态保护和建设水工程之间的关系,加强水工程的建设实施、操作调度、规划设计等多个环节的生态保护。提倡小影响、仿大自然的水利工程建设,河流工程的布局应该保持天然性,保持浅滩、河湾、湿地等多种栖息地。闸坝和水库的生态运行将满足河流的生态用水量。为了优化农村的沟渠河塘治理,可以采用河渠连接、清淤疏浚等策略来实现生态河塘,打造一个河岸清澈秀丽的美丽乡村。

②非工程措施方面,要推进科技创新,增强监管能力,明确各部门管理职责。对生态用水分配和调度、生态补偿、生态修复技术和水生态评估及监测、管理机制和保障措施等主要技术进行研究,建立和完善水生态保护标准以及技术规范体系。加快对我国城市的水生态监测管理信息系统建设,对河流、湖泊水生态状况进行连续系统监测,开展城市水生态安全评估。建立城市水生态预警与决策体制。增强监督管理能力的建设,建立多层次、多形式的监督机制,加强对违规无序发展活动的监督管理。

6.2.3　开展跨学科的城市水系统安全保障研究

随着城市化的快速发展和环境污染的加剧,城市水环境日趋恶化,城市缺水和雨涝等难题也日益严重,城市水系统的生态安全保障正面临严峻挑战。目前以常规污染物控制为核心的城市水环境保护理论、方法和技术体系,已无法满足城市可持续生态安全和人体健康的实际需求,迫切需要城市规划、工程、生态学、环境学、化学、生物、地学、管理科学等多学科交叉。以城市水生态系统完整性保护和恢复为核心,深入研究污染控制、污水深度净化与再生利用、生态储存及水环境修复、生态毒理与健康、城市水系统规划管理等基础理论问题；突破水质变化与生态系统响应及交互作用的过程机制，解决城市水系统生态风险控制难题；构建城市水储存、输送和利用的良性循环新模式，创建城市水系统生态安全保障和风险控制的理论和技术体系。可以预见，未来的跨学科研究重点将集中在水系统要素之间的交互影响与调控机制，城市水环境健康安全与生态修复理论和方法，城市水系统多元循环的物质流、能量流变化规律与动力学模式，城市水系统可持续健康的综合保障策略等方面。

附录 评价计算数据

附表 1 "城市水资源安全评价"的指标权重一览表

准则层	B₁ 压力							B₂ 状态				B₃ 响应		
权重	0.358							0.437				0.205		
指标层	C_1 多年平均降雨量	C_2 水土流失率	C_3 植被覆盖度	C_4 万元工业增加值用水量	C_5 人均居民生活用水量	C_6 亩均农业灌溉用水量	C_7 生态环境用水量比例	C_8 产水模数	C_9 人均水资源量	C_{10} 地下水利用程度	C_{11} 建成区给水管网密度	C_{12} 公众节水普及率	C_{13} 水利事务支出占GDP比例	C_{14} 水土流失治理率
权重	0.174	0.074	0.152	0.203	0.187	0.113	0.097	0.395	0.289	0.126	0.190	0.391	0.352	0.257

附表 2 "城市水资源安全评价"指标标准值一览表

指 标	指标取向	重度不安全	较不安全	临界安全	较安全	非常安全	单 位
C_1 多年平均降雨量	+	250	750	1250	1750	2250	mm
C_2 水土流失率	−	45	35	25	15	5	%
C_3 植被覆盖度	+	—	—	—	—	—	%
C_4 万元工业增加值用水量	−	55	45	35	25	15	m^3
C_5 人均居民生活用水量	−	240	200	160	120	80	L
C_6 亩均农业灌溉用水量	−	950	850	700	550	450	m^3
C_7 生态环境用水量比例	−	0.55	0.45	0.35	0.25	0.15	%
C_8 产水模数	+	0	30	70	105	135	$10^4\ m^3/km^2$
C_9 人均水资源量	+	500	1500	2500	3500	4500	m^3
C_{10} 地下水利用程度	−	65	55	40	25	15	%
C_{11} 建成区给水管网密度	+	1.5	2.5	4	6.5	7.5	%
C_{12} 公众节水普及率	+	10	30	50	70	90	%
C_{13} 水利事务支出占 GDP 比例	+	0.15	0.25	0.40	0.65	0.95	%
C_{14} 水土流失治理率	+	45	55	65	75	90	%

附表 3　襄阳市中心城区各区区县水资源单因子安全评价相对隶属度

指标	枣阳市	宜城市	老河口市	南漳县	谷城县	保康县	襄州区	襄城区	樊城区
C_1 多年平均降雨量	(0,0,0.35, 0.65,0,0)	(0,0,0.34, 0.66,0,0)	(0,0,0.38, 0.62,0,0)	(0,0,0.20, 0.80,0,0)	(0,0,0.96, 0.04,0,0)	(0,0,0.24, 0.76,0,0)	(0,0,0.47, 0.53,0,0)	(0,0,0.22, 0.78,0,0)	(0,0,0.36, 0.64,0,0)
C_2 水土流失率	(0,0,0.39, 0.61,0)	(0,0,0.45, 0.55,0)	(0,0,0.20, 0.80,0)	(0,0,0.69, 0.31,0)	(0,0,0, 0.64,0.36)	(0,0,0.09, 0.91,0)	(0,0,0, 0.22,0.78)	(0,0,0.05, 0.95,0)	(0,0,0.39, 0.17,0.83)
C_4 万元工业增加值用水量	(0,0,0.10, 0.90,0)	(0,0,0.10, 0.90,0)	(0,0,0.10, 0.90,0)	(0,0,0.40, 0.60,0)	(0,0,0, 1,0)	(0,0,0, 0.80,0.20)	(0,0,0, 1,0)	(1,0,0, 0,0)	(0,0,0.39, 0.61,0)
C_5 人均居民生活用水量	(0,0,0.13, 0.87,0)	(0,0,0.09, 0.91,0)	(0,0,0, 0.79,0.21)	(0,0,0.19, 0.81,0)	(1,0,0, 0,0)	(0,0,0, 0,1)	(0,0,0.55, 0.45,0)	(0,0,0.93, 0.07,0)	(0,0,0.25, 0.75,0,0)
C_6 亩均农业灌溉用水量	(0,0,0, 0,1)	(0,0,0, 0.42,0.58)	(0,0,0.33, 0.67,0)	(0,0,0, 0,1)	(0,0,0, 0.45,0.55)	(0,0,0, 0.67,0.33)	(0,0,0, 0.41,0.59)	(0,0,0.03, 0.97,0)	(0,0,0.33, 0.67,0)
C_7 生态环境用水量比例	(0,0,0.10, 0.90,0,0)	(0,0,0.50, 0.50,0,0)	(0,0,0, 0,1)	(0,0,0.30, 0.70,0,0)	(0,0,0.10, 0.90,0,0)	(0,0,0.50, 0.50,0)	(0,0,0.70, 0.30,0,0)	(0.50,0.50,0, 0,0)	(0,0,0, 0.1)

222

指标	区县								
	枣阳市	宜城市	老河口市	南漳县	谷城县	保康县	襄州区	襄城区	樊城区
C_8 产水模数	(0,0,0.63,0.37,0,0)	(0,0,0.62,0.38,0,0)	(0,0,0.68,0.32,0,0)	(0,0,0.35,0.65,0,0)	(0,0,0.07,0.93,0,0)	(0,0,0.43,0.57,0,0)	(0,0,0.79,0.21,0,0)	(0,0,0.28,0.72,0,0)	(0,0,0.66,0.35,0,0)
C_9 人均水资源量	(0.04,0.96,0,0)	(0,0,0.68,0.32,0,0)	(0.57,0.43,0,0)	(0,0,0.53,0.47)	(0,0,0.12,0.88,0)	(0,0,0,1)	(0.47,0.53,0,0)	(0.76,0.24,0,0)	(1,0,0,0)
C_{10} 地下水利用程度	(0,0,0,1)	(0,0,0,1)	(0,0,0.09,0.91,0,0)	(0,0,0,1)	(0,0,0,1)	(0,0,0,1)	(0,0,0,1)	(0,0,0.77,0.23)	(0,0,0.83,0.17)
C_{11} 建成区给水管网密度	(0,0,0.22,0.78,0,0)	(0,0,0.10,0.90,0,0)	(0,0,0.76,0.24,0,0)	(0,0,0.27,0.73,0,0)	(0,0,0.69,0.31,0,0)	(0,0,0.82,0.12,0,0)	(0,0,0.52,0.48,0,0)	(0,0,0.83,0.17,0)	(0,0,0.93,0.09,0)
C_{12} 公众节水普及率	(0,0,0.29,0.71,0,0)	(0.31,0.69,0,0)	(0,0,0.57,0.43,0,0)	(0,0,0.09,0.91,0,0)	(0,0,0.84,0.16,0,0)	(0.72,0.28,0,0)	(0.42,0.58,0,0)	(0.86,0.14,0,0)	(0.08,0.92,0,0)
C_{13} 水利事务支出占GDP比例	(0.10,0.90,0,0)	(1,0,0,0)	(1,0,0,0)	(1,0,0,0)	(1,0,0,0)	(0,0,0.40,0.60,0,0)	(1,0,0,0)	(1,0,0,0)	(1,0,0,0)
C_{14} 水土流失治理率	(1,0,0,0)	(1,0,0,0)	(1,0,0,0)	(1,0,0,0)	(1,0,0,0)	(1,0,0,0)	(1,0,0,0)	(1,0,0,0)	(1,0,0,0)

附表 4 "城市水环境安全评价"的指标权重一览表

准则层	B_1 压力			B_2 状态				B_3 响应		
权重	0.396			0.346				0.258		
指标层	C_1 城镇生活污水排放强度	C_2 万元产值污水排放量	C_3 土地利用情况	C_4 水面率	C_5 IV类以上水体占比	C_6 建成区污水管道密度	C_7 合流制管道占比	C_8 植被覆盖度	C_9 水污染防治支出占GDP比例
权重	0.257	0.388	0.355	0.328	0.672	0.332	0.292	0.118	0.258

附表 5 "城市水环境安全评价"指标标准值一览表

指 标	指标取向	重度不安全	较不安全	临界安全	较安全	非常安全	单 位
C_1 城镇生活污水排放强度	—	2250	1750	1250	750	250	立方米/公顷
C_2 万元产值污水排放量	—	17.5	14.5	11.5	8.5	5.5	吨/万元
C_3 土地利用情况	—	—	—	—	—	—	—
C_4 水面率	+	2.5	7.5	12.5	17.5	22.5	%
C_5 Ⅳ类以上水体占比	—	30.00	20.00	11.20	5.00	1.25	%
C_6 建成区污水管道密度	+	2	4	6	8	10	千米/平方千米
C_7 合流制管道占比	—	45	35	25	15	5	%
C_8 植被覆盖度	+	—	—	—	—	—	%
C_9 水污染防治支出占 GDP 比例	+	0	0.2	0.4	0.6	0.8	%

附表 6 襄阳市中心城区各区县水环境单因子安全评价相对隶属度

区 县	指 标		
	C_1 城镇生活污水排放强度	C_2 万元产值污水排放量	C_9 水污染防治支出占 GDP 比例
襄城区	(0,0,0,0.97,0.03)	(0,0,0,0.56,0.44)	(1,0,0,0,0)
樊城区	(1,0,0,0,0)	(1,0,0,0,0)	(1,0,0,0,0)
襄州区	(0,0,0,0.48,0.52)	(0,0,0,0.84,0.16)	(1,0,0,0,0)

附表 7 襄阳市中心城区各小流域水环境单因子安全评价相对隶属度

小流域	指标			
	C_4 水面率	C_5 IV类以上水体占比	C_6 建成区污水管道密度	C_7 合流制管道占比
伙牌小流域	(0.78,0.22,0,0,0)	(0,0.76,0.24,0,0)	(1,0,0,0,0)	(0,0,0,0,1)
东西葫芦小流域	(1,0,0,0,0)	(0,0.09,0.91,0,0)	(0,0,0.84,0.16,0)	(0,0,0,0,1)
小清河小流域	(0.65,0.35,0,0,0)	(1,0,0,0,0)	(0,0.12,0.88,0,0)	(0,0,0,0,1)
普陀沟小流域	(0.75,0.25,0,0,0)	(0.83,0.17,0,0,0)	(0,0.12,0.78,0,0)	(0,0,0,0,1)
七里河小流域	(1,0,0,0,0)	(1,0,0,0,0)	(0,0.68,0.32,0,0)	(0,0,0.81,0,0.19)
清河口小流域	(0,0.74,0.26,0,0)	(0,0.04,0.96,0,0)	(0,0,0.72,0,0.28)	(1,0,0,0,0)
连山沟小流域	(0.59,0.41,0,0,0)	(0,0.20,0.80,0,0)	(0,0.95,0.05,0,0)	(0,0.33,0.67,0,0)
月亮湾小流域	(0,0,0,0,1)	(0,0,0,0,1)	(0,0,0.84,0.16)	(0,0.74,0.26,0,0)
南渠小流域	(0,0.23,0.77,0,0)	(0,0.53,0.47,0,0)	(0,0,0.62,0.38)	(1,0,0,0,0)
护城河小流域	(0,0,0,0,1)	(0,0.28,0.72,0,0)	(0,0,0.81,0.19)	(1,0,0,0,0)
余家湖小流域	(0,0,0.16,0.84)	(0,0.61,0.39,0,0)	(0,0.64,0.36,0,0)	(0,0,0,0,1)
千弓小流域	(0.58,0.42,0,0,0)	(0,0,0,0,1)	(0,0,0,0,1)	(0,0,0,0,1)
唐白河小流域	(0.85,0.15,0,0,0)	(0,0.90,0.10,0,0)	(0,0.71,0.29,0,0)	(0,0,0,0,1)
姚家沟小流域	(0.70,0.30,0,0,0)	(0,0,0,0,1)	(0,0,0,0,1)	(0,0,0,0,1)
武坡沟小流域	(0,0.42,0.58,0,0)	(0,0,0,0,1)	(0,0,0,0,1)	(0,0,0,0,1)
陈家沟小流域	(0,0.96,0.04,0,0)	(0,0,0.18,0.82,0)	(0,0.41,0.59,0,0)	(0,0,0,0,1)
浩然河小流域	(0.48,0.52,0,0,0)	(0,0.06,0.94,0,0)	(0,0,0.93,0.07)	(0,0,0,0,1)
淳河小流域	(0.61,0.39,0,0,0)	(0,0,0,0,1)	(0,0,0,0,1)	(0,0,0,0,1)

附表 8 "城市水灾害安全评价"的指标权重一览表

准则层	B_1 压力						B_2 状态				B_3 响应		
权重	0.316						0.283				0.401		
指标层	C_1 多年平均降雨量	C_2 降雨强度	C_3 高程	C_4 坡度	C_5 植被覆盖度	C_6 建设用地面积	C_7 人口密度	C_8 地均GDP	C_9 内涝点分布占比	C_{10} 易发生洪水灾害区域	C_{11} 建成区雨水管网密度	C_{12} 水利事务支出占GDP比例	C_{13} 建成区路网密度	C_{14} 万人医疗卫生机构床位数
权重	0.237	0.251	0.113	0.152	0.114	0.133	0.225	0.208	0.276	0.291	0.406	0.210	0.208	0.176

附表 9 "城市水灾害安全评价"指标标准值一览表

指 标	指标取向	重度不安全	较不安全	临界安全	较安全	非常安全	单 位
C_1 多年平均降雨量	—	2400	2000	1600	1200	800	mm
C_2 年均强降雨频率	—	13.5	12.5	11.5	10.5	9.5	mm/d
C_3 高程	—	—	—	—	—	—	—
C_4 坡度	—	—	—	—	—	—	—
C_5 植被覆盖度	+	5	15	30	50	70	%
C_6 建设用地面积	—	2750	2250	1500	750	250	公顷
C_7 人口密度	—	8000	6000	4000	2000	0	人/平方千米
C_8 地均 GDP	—	700	500	350	200	0	万元/平方千米
C_9 内涝点分布占比	—	0.55	0.45	0.35	0.25	0.15	处/平方千米
C_{10} 洪水灾害风险区域	+	—	—	—	—	—	—
C_{11} 建成区雨水管网密度	+	0	2	4	6	8	千米/平方千米
C_{12} 水利事务支出占 GDP 比例	+	0.15	0.25	0.40	0.65	0.95	%
C_{13} 建成区路网密度	+	2	4	6	8	10	千米/平方千米
C_{14} 万人医疗卫生机构床位数	+	35	45	55	65	75	张/万人

附表 10　襄阳市中心城区各区县水灾害单因子安全评价相对隶属度

区县	指标				
	C_1 多年平均降雨量	C_2 降雨强度	C_8 地均 GDP	C_{12} 水利事务支出占 GDP 比例	C_{14} 万人医疗卫生机构床位数
襄城区	(0,0,0,0.85,0.15)	(0,0,0.74,0.26,0.0)	(0,0.29,0.71,0.0,0.0)	(1,0,0,0,0)	(0,0,0,0,1)
樊城区	(0,0,0,0.67,0.33)	(0,0,0.99,0.01,0.0)	(1,0,0,0,0)	(1,0,0,0,0)	(0,0,0,0.89,0.11)
襄州区	(0,0,0,0.54,0.46)	(0,0,0.41,0.59,0.0)	(0,0,0.41,0.59,0.0)	(1,0,0,0,0)	(0,0.29,0.71,0.0,0.0)

附表 11　襄阳市中心城区各小流域水灾害单因子安全评价相对隶属度

小流域	指标				
	C_6 建设用地面积	C_7 人口密度	C_9 内涝点分布占比	C_{11} 建成区雨水管网密度	C_{13} 建成区路网密度
伏牌小流域	(0,0,0,0.76,0.24)	(0,0,0,0.17,0.83)	(0,0,0,0,1)	(0.37,0.63,0,0,0)	(0,0.71,0.29,0,0)
东西葫芦小流域	(0,0,0,0.67,0.33)	(0,0,0,0.70,0.30)	(0,0,0,0,1)	(0,0.84,0.16,0,0)	(0.37,0.63,0,0,0)
小清河小流域	(0,0,0.66,0.34,0)	(0,0,0.66,0.34,0)	(0,0,0,0,1)	(0,0.55,0.45,0,0)	(0,0.03,0.97,0,0)
普陀沟小流域	(0,0,0.10,0.90,0)	(0,0,0.73,0.27,0)	(0,0,0,0,1)	(0.23,0.78,0,0,0)	(0.21,0.79,0,0,0)
七里河小流域	(0,0,0.83,0.17,0)	(0,0,0.69,0.31,0)	(0,0,0.19,0.81,0)	(0,0.07,0.93,0,0)	(0,0.57,0.43,0,0)
清河口小流域	(0,0,0.05,0.95,0)	(1,0,0,0,0)	(0,0,0.53,0.47,0)	(0,0,0.44,0.56,0)	(0,0.05,0.95,0,0)
连山沟小流域	(0,0,0.93,0.07,0)	(0,0,0.87,0.13,0)	(0,0,0,0,1)	(0,0,0.95,0.05,0)	(0,0.36,0.64,0,0)

续表

小流域	指标				
	C_6 建设用地面积	C_7 人口密度	C_9 内涝点分布占比	C_{11} 建成区雨水管网密度	C_{13} 建成区路网密度
月亮湾小流域	(0,0.80,0.20,0,0)	(0,0,0,0.61,0.39)	(0,0,0,0,1)	(0,0,0.49,0.51,0)	(0,0.05,0.95,0,0)
南渠小流域	(0.92,0.08,0,0,0)	(0,0,0.06,0.94,0,0)	(0,0,0,0,1)	(0,0,0.11,0.89,0)	(0,0,0.28,0.72,0,0)
护城河小流域	(0,0,0.82,0.18,0)	(1,0,0,0,0)	(0,0,0.87,0.13,0)	(0,0,0.40,0.60,0)	(0,0,0.16,0.84,0,0)
余家湖小流域	(0,0,0.58,0.42,0)	(0,0,0,0.91,0.09)	(0,0,0,0,1)	(0,0,0.32,0.68,0)	(0,0.16,0.84,0,0)
千弓小流域	(0,0,0.86,0.14,0)	(0,0,0.10,0.90)	(0,0,0,0,1)	(0,0,0,0,1)	(0,0,0,0,1)
唐白河小流域	(0,0,0.98,0.02,0)	(0,0,0.17,0.83,0)	(0,0,0,0,1)	(0,0,0.06,0.94,0,0)	(0,0.69,0.31,0,0)
姚家沟小流域	(0,0,0,0,1)	(0,0,0.23,0.77)	(0,0,0,0,1)	(0,0,0,0,1)	(0,0,0,0,1)
武坡沟小流域	(0,0,0,0.54,0.46)	(0,0,0.27,0.73)	(0,0,0,0,1)	(0,0,0,0,1)	(0,0,0,0,1)
陈家沟小流域	(0,0,0.01,0.99,0)	(0,0,0.37,0.63)	(0,0,0,0,1)	(0,0.41,0.59,0,0)	(1,0,0,0,0)
浩然河小流域	(0,0,0,0.60,0.40)	(0,0,0.05,0.95)	(0,0,0,0,1)	(0,0,0,0,1)	(0,0,0,0,1)
滚河小流域	(0,0,0,0,1)	(0,0,0.15,0.85)	(0,0,0,0,1)	(0,0,0,0,1)	(0,0,0,0,1)
淳河小流域	(0,0,0,0.49,0.51)	(0,0,0.04,0.96)	(0,0,0,0,1)	(0,0,0,0,1)	(0,0,0,0,1)

附表 12 "城市水生态安全评价"的指标权重一览表

准则层	B₁ 压力				B₂ 状态				B₃ 响应	
权重	0.309				0.447				0.244	
指标层	C_1 水质情况	C_2 人口密度	C_3 护岸形式	C_4 河床稳定性	C_5 水岸带植被覆盖度	C_6 水生植物结构完整性	C_7 水生动物生存情况	C_8 生态景观公众满意度	C_9 环保投资占GDP比例	C_{10} 公众水生态保护意识情况
权重	0.427	0.251	0.197	0.125	0.243	0.275	0.266	0.218	0.587	0.413

附表 13 "城市水生态安全评价"指标标准值一览表

指 标	指标取向	重度不安全	较不安全	临界安全	较安全	非常安全	单 位
C_1 水质情况	+	—	—	—	—	—	—
C_2 人口密度	—	8000	6000	4000	2000	0	人/平方千米
C_3 护岸形式	—	—	—	—	—	—	—
C_4 河床稳定性	+	—	—	—	—	—	—
C_5 水岸带植被覆盖度	+	—	—	—	—	—	—
C_6 水生植物结构完整性	+	—	—	—	—	—	—
C_7 水生动物生存情况	+	—	—	—	—	—	—
C_8 生态景观公众满意度	+	27.5	42.5	57.5	72.5	87.5	分
C_9 环保投资占 GDP 比例	+	0.45	0.95	1.45	1.95	2.45	%
C_{10} 公众水生态保护意识情况	+	45.0	55.0	65.0	77.5	92.5	%

附表 14　襄阳市中心城区各区县水生态单因子安全评价相对隶属度

区　县	指　　标
	C_9 环保投资占 GDP 比例
襄城区	(0.62, 0.38, 0, 0, 0)
樊城区	(0.98, 0.02, 0, 0, 0)
襄州区	(0.74, 0.26, 0, 0, 0)

附表 15　襄阳市中心城区各小流域水生态单因子安全评价相对隶属度

小　流　域	指　　标		
	C_2 人口密度	C_8 生态景观公众满意度	C_{10} 公众水生态保护意识情况
伙牌小流域	(0, 0, 0, 0.17, 0.83)	(0, 0, 0, 0.59, 0.41)	(0, 0, 0.85, 0.15, 0)
东西葫芦小流域	(0, 0, 0, 0.70, 0.30)	(0, 0.06, 0.94, 0, 0)	(0, 0, 0.14, 0.86, 0)
小清河小流域	(0, 0, 0.66, 0.34, 0)	(0, 0, 0.85, 0.15, 0)	(0, 0, 0.64, 0.36, 0)
普陀沟小流域	(0, 0, 0.73, 0.27, 0)	(0, 0, 0.93, 0.07, 0)	(0, 0, 0.39, 0.61, 0)
七里河小流域	(0, 0.69, 0.31, 0, 0)	(0, 0, 0.60, 0.40, 0)	(0, 0, 0.01, 0.99, 0)
清河口小流域	(1.0, 0, 0, 0, 0)	(0, 0, 0.79, 0.21, 0)	(0, 0, 0.26, 0.74, 0)
连山沟小流域	(0, 0, 0.87, 0.13, 0)	(0, 0.15, 0.85, 0, 0)	(0, 0, 0.41, 0.59, 0)

续表

小流域	指标		
	C_2 人口密度	C_8 生态景观公众满意度	C_{10} 公众水生态保护意识情况
月亮湾小流域	(0、0、0.61、0.39)	(0、0、0.72、0.28)	(0、0、0.46、0.54)
南渠小流域	(0、0.06、0.94、0)	(0、0.92、0.08、0)	(0、0.21、0.79、0)
护城河小流域	(1、0、0、0)	(0、0、0.58、0.42)	(0、0、0.62、0.38)
余家湖小流域	(0、0、0.91、0.09)	(0、0.25、0.75、0)	(0、0、0.91、0.09)
千弓小流域	(0、0、0.10、0.90)	(0、0、0.17、0.83)	(0、0、0.73、0.27)
唐白河小流域	(0、0、0.17、0.83)	(0、0.01、0.99、0)	(0、0.05、0.95、0)
姚家沟小流域	(0、0、0.23、0.77)	(0、0.53、0.47、0)	(0、0、0.34、0.66)
武坡沟小流域	(0、0、0.27、0.73)	(0、0.93、0.07、0)	(0、0、0.96、0.04)
陈家沟小流域	(0、0、0.37、0.63)	(0、0、0.41、0.59)	(0、0、0.81、0.19)
浩然河小流域	(0、0、0.05、0.95)	(0、0、0.25、0.75)	(0、0、0.40、0.60)
滚河小流域	(0、0、0.15、0.85)	(0、0.74、0.26、0)	(0、0、0.94、0.06)
淳河小流域	(0、0、0.04、0.96)	(0、0、0.45、0.55)	(0、0、0.05、0.95)

参 考 文 献

[1] HU G J,ZHOU M,HOU H B,et al. An ecological floating-bed made from dredged lake sludge for purification of eutrophic water[J]. Ecological Engineering,2010 (10):45-65.

[2] BROOKES A, SHIELDS F D. River channel restoration: guiding principles for sustainable projects[J]. Recherche,1996(67):02-10.

[3] DUNPHY A, BEECHAM S, JONES C, et al. Confined water sensitive urban design (WSUD) Stormwater Filtration/Infiltration Systems for Australian Conditions[C]. The 10th International Conference on Urban Drainage,Copenhagen,Denmark,2005.

[4] HELLSTROM D, JONSSON L. Evaluation of small wastewater treatment systems[J]. Water Science and Technology, 2003, 48(11-12):61-68.

[5] HOEKSTRA A Y,CHAPAGAIN A K. Water footprints of nations: Water use by people as a function of their consumption pattern[J]. Water Resources Management,2007,21(1):35-48.

[6] IPCC. Climate Change 2014: Synthesis Report: Approved Summary for Policymakers[R]. Geneva: WMO,2014.

[7] KEE J Y. Analysis of Air Quality Change of Cheonggyecheon Area by Restoration Project[J]. Environmental Impact Assessment,2010 (1): 99-106.

[8] LEI J H, SCHILLING W. Parameter Uncertainty Propagation Analysis for Urban Rainfall Runoff Modeling[J]. Water Science Technology,1994,29(1):145-154.

[9] CHEN J N,ZHONG L J. Systematic planning and design of urban

water system[J]. China water network,2005(7): 25-30.

[10] KARMAKAR S,MUJUMDAR P P. Fuzzy optimization model for water quality management of a river system[J]. Proceeding soft the Annual Water Resources Planning and Management Conference, 1997 (4):56-68.

[11] KWON Y G, KWON W Y. Comparative Study on the Policy Processes of Cheonggyecheon and Bièvre in France [J]. City Administration Academic Newspaper of Korea Institute of Urban Administration,2008(2): 23-49.

[12] MAYS L. Stormwater Collection Systerms Design Handbook[M]. New York,USA:McGraw-Hill,2001.

[13] MEENTENS J, RAES D, HERMY M. Proceedings of the First North American Green Roofs Conference[C]//Effect of orientation on the water balance of green roofs,Chicago,Toronto:The Cardinal Group,2003.

[14] MUIVIHILL M E,DRACUP J A. Optimal timing and sizing of a conjunctive urban water supply treatment facilities [J]. Water Resources Research,1971(7):463-478.

[15] PAKDEL F M,SIM L,BEARDALL J,et al. Allelopathic inhibition of microalgae by the freshwater stonewort,Chara australis and a submerged angiosperm,Portamento crispus[J]. Aquatic Botany, 2013(110): 24-30.

[16] PALMER M A,BERNHARDT E S,ALLAN J D,et al. Standards for ecologically successful river restoration[J]. Journal of Applied Ecology,2005,42(2):208-217.

[17] Parliamentary commission for the environment. Beyond aging pipes: Urban water system for the 21 century [R]. New Zealand,2001.

[18] TILLEY D R,BROWN M T. Wetland networks for stormwater management in subtropical urban watersheds [J]. Ecological

Engineering,1998,10(2):131-158.

[19] UN-Water. Climate Change Adaptation:The Pivotal Role of Water [R]. Geneva,Switzerland:UN-Water Publication,2010.

[20] WONG N H,CHEN Y,ONG G L,et al. Investigation of thermal benefits of rooftop garden in the tropical environment[J]. Build Environment,2003(38):261-270.

[21] ZHANG X N,GUO Q P,SHEN X X,et al. Water quality, agriculture and food safety in China:Current situation,trends,inter-dependencies, and management [J]. Journal of Integrative Agriculture,2015,14(11):2365-2379.

[22] ZHAO F L,XI S,YANG X E,et al. Purifying eutrophic river waters with integrated floating island systems[J]. Ecological Engineering, 2012(40):53-60.

[23] 柏义生,于鲁冀,范鹏宇,等.两种生态净化技术对微污染水体改善效果对比[J].环境工程,2018,36(06):78-81.

[24] 环境科学大辞典委员会.环境科学大辞典[M].北京:中国环境科学出版社,1991.

[25] 蔡新强.浅谈城市水污染控制与水环境综合整治策略[J].江西建材, 2021(03):230-231.

[26] 陈春浩.深圳市洪涝灾害特性与防灾减灾对策研究[J].中国水利, 2003(02):39-41.

[27] 陈建军.北京城市湖泊富营养化及其原位修复初步研究[D].上海:华东师范大学,2011.

[28] 陈康贵,伊武军.城市复合水循环与水环境恢复[J].南通职业大学学报(综合版),2003(04):55-58.

[29] 陈婉.城市河道生态修复初探[D].北京:北京林业大学,2008.

[30] 陈香.福建暴雨洪涝灾害与减灾对策研究[C]//中国灾害防御协会.灾害风险管理与空间信息技术防灾减灾应用研讨交流会论文集.北京:中国灾害防御协会,2007.

[31] 程峥,李永胜,高微微.基于 ArcGIS 的 DEM 流域划分[J].地下水,2011(6):128-130.

[32] 仇保兴.我国城市水安全现状与对策[J].给水排水,2013(23):12-21.

[33] 褚克坚,阚丽景,华祖林,等.平原河网地区河流水生态评价指标体系构建及应用[J].水力发电学报,2014,33(5):138-144.

[34] 褚艳玲,陈义,杨道运,等.河源市生态敏感性评价[J].安徽农业科学,2017,45(11):67-71.

[35] 董哲仁.生态水工学——人与自然和谐的工程学[J].水利水电技术,2003,34(1):14-16.

[36] 高寒,贺振洲,赵军,等.组合型生态浮岛原位修复重污染水体[J].环境工程学报,2019,13(12):2884-2889.

[37] 高琪.论日本河川法中的居民参与[C]//中国法学会.中国法学会环境资源法学研究会 2008 年会与学术研讨会论文集.南京:中国法学会,2008.

[38] 辜健慧.南昌市城市水资源可持续发展问题研究[D].南昌:南昌大学,2016.

[39] 郭靖.水生态修复技术在河道治理中的应用分析[J].城市建设理论研究(电子版),2018(08):57-58.

[40] 郭韦,王昱,王昊,等.城市水污染现状和国内外水生态修复方法研究现状[J].水科学与工程技术,2010(02):57-59.

[41] 国家防汛抗旱总指挥部,中华人民共和国水利部.中国水旱灾害公报(2017)[M].北京:中国水利水电出版社,2018.

[42] 中华人民共和国国家统计局.中国统计年鉴 2017[M].北京:中国统计出版社,2017.

[43] 国务院.国务院关于印发水污染防治行动计划的通知[R/OL].(2015-04-16)[2021-06-04]. http://www.gov.cn/zhengce/content/2015-04/16/content_9613.htm.

[44] 国务院办公厅.国务院办公厅关于加强城市内涝治理的实施意见[R/OL].(2021-04-25)[2021-06-04]. http://www.gov.cn/zhengce/

content/2021-04/25/content_5601954.htm.

[45] 韩金益.小城镇污水收集处理系统经济分析[D].青岛:青岛理工大学,2014.

[46] 何俊仕,林洪孝.水资源概论[M].北京:中国农业大学出版社,2006.

[47] 何源达.金湾区洪涝灾害治理对策[J].甘肃水利水电技术,2005,41(1):77-78.

[48] 胡敬涛,金峰,申庆元,等.城市水资源安全综合评价体系研究——以山东省淄博市为例[J].安全与环境学报,2016,16(3):192-197.

[49] 黄娟,申双和,殷剑敏.基于DEM的江西潦河流域河网信息提取方法[J].气象与减灾研究,2008,31(1):49-53.

[50] 霍莉.城市水系统规划决策的不确定性研究[D].上海:同济大学,2007.

[51] 金相灿,荆一凤,刘文生,等.湖泊污染底泥疏浚工程技术——滇池草海底泥疏挖及处置[J].环境科学研究,1999,12(5):9-12.

[52] 匡跃辉.水生态系统及其保护修复[J].中国国土资源经济,2015(8):17-21.

[53] 赖武荣,叶茂.城市水安全评价体系研究[J].甘肃水利水电技术,2010(4):45-52.

[54] 李冠杰,郑雅莉,范彬.农业面源污染对水环境的影响及其防治[J].中国集体经济,2015(01):6-8.

[55] 李广贺.水资源利用与保护[M].北京:中国建筑工业出版社,2002.

[56] 李红霞,张建,杨帅.河道水体污染治理与修复技术研究进展[J].安徽农业科学,2016,44(04):74-76.

[57] 李宏卿.长春城区地下水资源可持续利用研究[D].长春:吉林大学,2007.

[58] 李辉,王珂清,苗茜.潍坊市暴雨洪涝灾害风险区划[J].南京信息工程大学学报(自然科学版),2013(06):508-514.

[59] 李家杰.基于大数据决策支持的城市健康水系统平台构建及应用[D].重庆:重庆大学,2016.

[60] 李晋.河流生态修复技术研究概述[J].地下水,2011,33(6):60-62.

[61] 李苗苗.植被覆盖度的遥感估算方法研究[D].北京:中国科学院研究生院,2003.

[62] 李帅杰.城市洪水风险管理及应用技术研究——以福州市为例[D].北京:中国水利水电科学研究院,2013.

[63] 李文田.信阳市洪涝灾害基本特征与防治对策[J].山地学报,2014(01):105-110.

[64] 李艳丽,苏维词,杨吉,等.基于熵权模糊综合模型的重庆市水环境安全评价[J].人民长江,2017,48(9):25-29.

[65] 李莹.城市生态安全评价研究——以宁波市为例[D].杭州:浙江理工大学,2013.

[66] 李云.郑州市雨水综合利用与海绵城市建设浅析[J].河南水利与南水北调,2018,47(10):88-89.

[67] 李允熙.韩国首尔市清溪川复兴改造工程的经验借鉴[J].中国行政管理,2012(03):96-100.

[68] 廖红强,邱勇,杨侠,等.对应用层次分析法确定权重系数的探讨[J].机械工程师,2012(6):22-25.

[69] 廖静秋,文航,苏玉,等.流域水生态系统的生境安全识别理论和方法研究——以太子河次流域本溪段为案例[J].生态环境学报,2012,21(7):1277-1284.

[70] 廖文根,杜强,谭红武,等.水生态修复技术应用现状及发展趋势[J].中国水利,2006(17):A61-63.

[71] 林长春,孙二虎.水资源概论[M].北京:兵器工业出版社,2008.

[72] 刘传旺,吴建平,任胜伟,等.基于层次分析法与物元分析法的水安全评价[J].水资源保护,2015(3):27-32.

[73] 刘登峰,王栋,丁昊,等.城市水灾害风险等级的RBF-C评估方法[J].人民黄河,2014(1):8-10,14.

[74] 刘海振,周祖昊,刘琳,等.水生态修复的生态学理论与国内外实践[C]//中国水利学会.中国水利学会2014学术年会论文集.南京:河

海大学出版社,2014.

[75] 刘俊良,王鹏飞,臧景红,等.城市用水健康循环及可持续城市水管理[J].中国给水排水,2003,19(01):29-32.

[76] 刘兰岚,郝晓雯.日本的分散式污水处理设施[J].安徽农业科学,2011(27):16714-16715,16749.

[77] 刘梦,姜世中,王芳香.基于熵权物元模型的成都市水安全评价[J].安徽农学通报,2016(11):78-81.

[78] 刘明光.中国自然地理图集[M].3版.北京:中国地图出版社出版,2010.

[79] 刘秋艳,吴新年.多要素评价中指标权重的确定方法评述[J].知识管理论坛,2017(6):500-510.

[80] 刘伟毅.城市滨水缓冲区划定及其空间调控策略研究——以武汉市为例[D].武汉:华中科技大学,2016.

[81] 刘晓雨.城市河流水污染治理和修复技术:以新凤河流域为例[J].广东化工,2018,45(03):120-122.

[82] 刘玉.深圳市洪涝灾害现状及标准化对策建议[C]//中国标准化协会.标准化改革与发展之机遇——第十二届中国标准化论坛论文集.杭州:中国标准化协会,2015.

[83] 刘云斌.城市生活垃圾填埋场选址模糊综合评判系统[D].成都:西南交通大学,2004.

[84] 刘志雨,夏军.气候变化对中国洪涝灾害风险的影响[J].自然杂志,2016,38(3):177-181.

[85] 卢越.产业集聚对流域水污染的影响分析:以海河流域为例[J].北京交通大学学报(社会科学版),2019,18(2):61-68.

[86] 陆东芳,陈孝云.水生植物原位修复水体污染应用研究进展[J].科学技术与工程,2011,11(12):5137-5142.

[87] 陆体星.基于水生态修复技术在河道治理中的应用与探索[J].农家参谋,2017(15):210.

[88] 吕洪德.城市生态安全评价指标体系的研究[D].哈尔滨:东北林业大

学,2005.

[89] 马幸,耿川,宋成涛,等.宜昌沙河黑臭水体综合治理方案[J].水运工程,2018(08):214-218.

[90] 新京报动新闻.每年超 180 座城市受淹,"观海"城市为何这么多[EB/OL].(2020-07-08)[2021-06-08].http://mp.weixin.qq.com/s?_biz=MzIxNjgyMDYxNg==&chksm=978156dcaofbdfcaoc4e1c2154eb71a441cb90f457d6d6cc5fd7f8d61f600ed523caeadda44e&idx=1&mid=2247542843&sn=834c7844f495a12b21ef2cd11b0c3f62.

[91] 闵忠荣,张类昉,张文娟,等.城市水生态修复方法探索——以南昌水系连通为例[J].规划师,2018,34(5):71-75.

[92] 倪洁丽,王微洁,谢国建,等.水生植物在水生态修复中的应用进展[J].环保科技,2016,22(03):43-47.

[93] 聂欣.产业集聚视角下中国水污染问题研究[D].广州:暨南大学,2017.

[94] 欧阳剑波,温雪秋.我国城市水资源的现实焦虑与整合利用[J].中国水文化,2014(01):30-32.

[95] 潘志辉,鲁梅,王莉芸,等.深圳市雨水蓄水池容积设计计算探讨[J].给水排水,2012,38(10):43-46.

[96] 裴源生,赵勇,张金萍.城市水资源开发利用趋势和策略探讨[J].水利水电科技进展,2005,25(4):1-4.

[97] 彭澄瑶.城市水资源可持续规划与水生态环境修复[D].北京:北京工业大学,2011.

[98] 蒲欢欢.渭河流域水生态评价与区划研究[D].郑州:郑州大学,2015.

[99] 乔劲松.基于海绵城市理念小区雨水回收利用研究[J].低碳世界,2017(34):200-201.

[100] IWA 国际水协会.中国城市水环境与水生态何去何从?——四十年回顾与展望[EB/OL].(2020-01-06)[2021-06-08].https://www.sohu.com/a/365110406_120053850.

[101] 任树梅.水资源保护[M].北京:中国水利水电出版社,2003.

[102] 任薇.湘江流域水污染综合整治政策研究[D].长沙:中南大学,2009.

[103] 阮本清,魏传江,韩宇平,等.首都圈水资源安全保障研究[J].中国水利,2004(22):52-54

[104] 邵益生.城市水系统科学导论[M].北京:中国城市出版社,2015.

[105] 邵益生.城市水系统控制与规划原理[J].城市规划,2004(10):62-67.

[106] 中华人民共和国生态环境部.2019中国生态环境状况公报[R/OL].(2020-06-08)[2021-06-08]. http://www. cnemc. cn/jcbg/zghjzkgb/.

[107] 史二龙.阜南县黑臭水体治理分析[J].江淮水利科技,2018(03):34-35.

[108] 宋兰合.城市水系统规划概述[J].城市规划通讯,2005(12):16-17.

[109] 宋玲玲,程亮,孙宁.泰晤士河整治经验对国内城市河流综合整治的启示[C]//中国环境科学学会.2015年中国环境科学学会学术年会论文集(第一卷).深圳:中国环境科学学会,2015.

[110] 孙雅茹,董增川,徐瑶,等.基于云模型的城市水安全评价[J].人民黄河,2019(8):52-56.

[111] 唐克旺.水生态文明建设现状、问题及对策[J].中国水利,2013(015):43-46.

[112] 田国珍,刘新立,王平,等.中国洪水灾害风险区划及其成因分析[J].灾害学,2006,21(2):1-6.

[113] 田坤,范荣亮,安婷,等.基于敏感性分析的徐州市水生态综合治理[J].水利规划与设计,2015(05):1-6.

[114] 田涛,薛惠锋.城镇化背景下广州市水安全评价研究[J].人民黄河,2019,41(1):51-57.

[115] 童登辉,李明,杨先华.四川泸州市洪涝灾害成因及防治对策[J].中国防汛抗旱,2012,22(5):40-42.

[116] 汪嘉杨,张碧,李祚泳,等.基于指标规范化的水安全评价组合极值

公式[J].水文,2013(3):5-9.

[117] 汪洁琼,葛俊雯,成水平.基于水生态系统服务综合效能提升的城市河流生态修复研究[J].西部人居环境学刊,2018(6):54-58.

[118] 汪洁琼,邱明,成水平,等.基于水生态系统服务综合效能的空间形态增效机制——以嵊泗田岙水敏性乡村为例[J].风景园林,2017(1):82-90.

[119] 汪松年.欧洲大城市的水污染治理[C]//中国水利学会.华东七省市水利学会协作组第十五次学术研讨会论文集.青岛:中国水利学会,2003.

[120] 王超亚.关中城市群水安全评价研究[D].西安:陕西师范大学,2016.

[121] 王虹,刘丽,孙琳.诸城市洪涝灾害分析及防洪减灾对策[J].山东水利,2009(7):68-70.

[122] 王梅.三峡库区农业面源污染控制的策略研究[D].武汉:华中科技大学,2009.

[123] 王敏,叶沁妍.基于水文生态风险评价与景观特征评价的城市水系空间组织研究——以安徽省宁国市为例[J].中国园林,2016,32(2):47-51.

[124] 王瑞玲,连煜,王新功,等.黄河流域水生态保护与修复总体框架研究[J].人民黄河,2013(10):107-110,114.

[125] 王若雁.北方缺水城市水生态文明建设评估——以郑州市为例[D].郑州:华北水利水电大学,2018.

[126] 王守金,惠志宾,赵志杰,等.生态浮岛技术的研究现状与趋势[J].工程技术,2017(01):266.

[127] 王淑春.浅谈堤防渗透破坏的原因与加固措施[J].科技创新导报,2008(32):68.

[128] 王小赞,尚化庄,李玉前.水生态修复技术在徐州小沿河水源地保护中的应用[J].安徽农业科学,2018,46(16):185-188,191.

[129] 王艳春.安徽合肥四里河生态修复策略研究[J].中国园林,2018

(07):86-90.

[130] 王忆竹.城市洪涝次生灾害防治方法研究——以社区雨洪体系构建为例[J].城市与减灾,2017(05):44-48.

[131] 王亦楠.解决水资源短缺的制约是生态文明建设和维护国家安全的当务之急[J].中国经济周刊,2018(25):80-85.

[132] 王越博,刘杰,王洋,等.水生态修复技术在水环境修复中的应用现状及发展趋势[J].中国水运,2019(05):96-97.

[133] 魏艳,赵慧恩.我国屋顶绿化建设的发展研究——以德国、北京为例对比分析[J].林业科学,2007,43(4):95-101.

[134] 温全平.城市河流堤岸生态设计模式探析[J].中国园林,2004,20(10):19-23.

[135] 吴爱民,荆继红,宋博.略论中国水安全问题与地下水的保障作用[J].地质学报,2016,90(10):2939-2947.

[136] 吴开亚,金菊良,魏一鸣,等.基于指标体系的流域水安全诊断评价模型[J].中山大学学报(自然科学版),2008,47(4):105-113.

[137] 吴善荀.德国分散式污水处理设施经验借鉴[J].资源节约与环保,2017(12):53-54.

[138] 吴银彪,郭建辉,王晓玲.河湖黑臭水体成因及治理思路[J].中国环保产业,2018(08):48-51.

[139] 夏熙.减轻白马湖周边农业面源污染的对策研究[D].扬州:扬州大学,2017.

[140] 夏小青,周彦灵,王明超,等.城市分散式污水处理系统的规划适用性[J].北京规划建设,2014(5):112-114.

[141] 谢云霞,王文圣.城市洪涝易损性评价的分形模糊集对评价模型[J].深圳大学报(理工版),2012,29(1):12-17.

[142] 徐海顺.城市新区生态雨水基础设施规划理论、方法与应用研究[D].上海:华东师范大学,2014.

[143] 徐后涛.上海市中小河道生态健康评价体系构建及治理效果研究[D].上海:上海海洋大学,2016.

[144] 徐瑾.基于可持续发展的城市水循环系统规划与评价研究[M].天津:天津科学技术出版社,2013.

[145] 徐威,刘畅,高洁,等.分散式污水处理设施集中管理系统[J].广东化工,2015,42(5):98-99.

[146] 杨成立.埃姆舍河流域治理模式对汾河治理启示[J].山西建筑,2009,35(31):355-356.

[147] 杨海军,李永祥.河流生态修复的理论与技术[M].长春:吉林科学技术出版社,2005.

[148] 杨惠敬.青岛市城区防洪治涝关键问题及其对策研究[D].青岛:中国海洋大学,2013.

[149] 杨玲玲.对工业企业水污染治理的思考[J].现代农业科技,2013(04):239,247.

[150] 杨敏.基于 GIS 和模糊评价法的土地生态适宜性分析[D].成都:西南交通大学,2004.

[151] 杨栩.城市绿地对降雨径流及其污染物削减研究[D].天津:天津大学,2012.

[152] 于鲁冀,李瑶瑶,吕晓燕,等.河流生态修复技术研究进展[C]//中国环境科学学会.第二届全国流域生态保护与水污染控制研讨会论文集.银川:中国环境科学学会,2014.

[153] 于瑞东.城市河道滨岸带改建与重构技术及应用分析[D].上海:华东师范大学,2010.

[154] 余蔚茗.城市水系统水量平衡模型与计算[D].上海:同济大学,2008.

[155] 俞瑞堂.日本的河川管理[J].水利水电科技进展,2000,20(3):57-60.

[156] 张光锦.北运河生态健康评价及修复方法研究[D].天津:天津大学,2009.

[157] 张宏建.沈阳市水资源优化配置研究[D].沈阳:沈阳建筑大学,2015.

[158] 张建云.城市化与城市水文学面临的问题[J].水利水运工程学报,2012(1):1-4.

[159] 张剑飞,李晶晶.基于LID理念的海绵城市公园绿地规划研究——以常德姚湖公园为例[J].中外建筑,2015(07):104-106.

[160] 张杰,熊必永.城市水系统健康循环的实施策略[J].北京工业大学学报,2004,30(2):185-189.

[161] 张明磊,张安弘.关于水生态修复技术在河道治理中的应用与探讨[J].工程与建设,2018,32(05):768-769.

[162] 张鹏飞.邯郸市主城区水生态修复及水景观建设效果研究[D].邯郸:河北工程大学,2009.

[163] 张强.河北省保定市城市水资源优化配置策略[J].地下水,2016(3):158-159.

[164] 张涛.基于流域生态安全理念的多尺度城市防洪排涝研究——以嘉陵江流域为例[D].重庆:重庆大学,2017.

[165] 张伟超.汉江汉中平川段河流健康评价及水生态修复研究[D].西安:西安理工大学,2018.

[166] 张学真.城市化对水文生态系统的影响及对策研究——以西安市为例[D].西安:长安大学,2005.

[167] 张旖倍.基于LID的常德市"海绵城市"城市绿地改造设计研究[D].长沙:湖南农业大学,2016.

[168] 张振兴.北方中小河流生态修复方法及案例研究[D].长春:东北师范大学,2012.

[169] 赵占军.重庆市长寿区城市河岸生态修复技术研究[D].北京:北京林业大学,2011.

[170] 中华人民共和国生态环境部.2017中国生态环境状况公报[R/OL].(2018-05-31)[2021-06-08].http://www.mll.gov.cn/njzl/zghjzkgb/lnzghjzkgb/.

[171] 钟厚彬.遵义龙坝小流域治理蓄水池方案对比[J].中国水利,2008(18):45-46.

[172] 钟建红.城市河流水环境修复与水质改善技术研究[D].西安:西安建筑科技大学,2007.

[173] 周春东,顾晓蕾.嘉兴市洪涝治理对策分析与研究[J].浙江水利科技,2016(01):23-25.

[174] 朱博华,唐金忠.城市水源湖水生态修复技术与适用性分析[C]//中国科学技术协会学会学术部.湖泊湿地与绿色发展——第五届中国湖泊论坛论文集[C].长春:中国科学技术协会,2015.

[175] 朱思诚,任希岩.关于城市内涝问题的思考[J].行政管理改革,2011(11):62-66.

[176] 王秀艳,朱坦,王启山,等.城市水循环途径及影响分析[J].城市环境与城市生态,2003,16(4):54-56.

[177] 中华人民共和国住房和城乡建设部.2019城市建设统计年鉴[R/OL].(2020-12-31)[2021-06-08].http://www.mohurd.gov.cn/xytj/tjzljsxytjgb/jstjnj/.